Verbrennungslehre und Feuerungstechnik

Von

Franz Seufert

Studienrat a. D.

Oberingenieur für Wärmewirtschaft

Zweite, verbesserte Auflage

Mit 19 Abbildungen, 15 Zahlentafeln
und vielen Berechnungsbeispielen

Berlin

Verlag von Julius Springer

1923

ISBN-13: 978-3-642-47294-7 e-ISBN-13: 978-3-642-47730-0
DOI: 10.1007/978-3-642-47730-0

Vorwort.

Die schwere Brennstoffnot, an der zur Zeit unsere ganze Industrie leidet, erfordert gebieterisch eine scharfe Überwachung aller Feuerungsanlagen durch besonders ausgebildete Fachleute. Bei der praktischen Durchführung der für diesen Zweck notwendigen Versuche und besonders bei der Berechnung und Beurteilung der Ergebnisse erwachsen häufig Schwierigkeiten und Unklarheiten, weil man in die Lage kommt, die erforderlichen Formeln und Zahlenwerte mühsam aus verschiedenen Handbüchern heraussuchen zu müssen.

Deshalb habe ich in dem vorliegenden Werkchen versucht, neben den wichtigsten theoretischen Erläuterungen das zur Durchführung feuerungstechnischer Untersuchungen und Berechnungen Notwendigste zusammenzustellen und durch meistens der Praxis entnommene Beispiele näher zu erklären. Neu ist die Einführung der zuerst von Wa. Ostwald gebrachten Abgasschaubilder mit der von H. Meyer in „Stahl und Eisen" sowie von mir in der „Zeitschrift des Vereins deutscher Ingenieure" gegebenen mathematischen Begründung, sowie die Berücksichtigung des Eisenabbrandes. Bei dieser Arbeit kam mir besonders meine während eines einjährigen Urlaubes bei der vom Verein deutscher Eisenhüttenleute in Düsseldorf 1919 gegründeten „Wärmestelle" ausgeübte Tätigkeit zustatten. Dem Leiter dieser Stelle, Herrn Dr.-Ing. Rummel, spreche ich auch hier für die Erlaubnis, die von ihm herausgegebenen „Mitteilungen" bei dieser Arbeit verwerten zu dürfen, meinen verbindlichsten Dank aus.

Die vorliegende zweite Auflage ist an einzelnen Stellen berichtigt und in bezug auf die Meßgeräte auf den neuesten Stand ergänzt worden. Der rasche Absatz des Buches ist ein erfreulicher Beweis dafür, daß für ein Werkchen, das die für feuerungstechnische Berechnungen notwendigen Angaben in gedrängter Kürze bringt, ein Bedürfnis vorhanden ist, wofür auch zahlreiche Anerkennungsschreiben und das Urteil der Fachpresse sprechen.

In der Hoffnung, mit diesem Werkchen auch mein bescheidenes Teil zum Wiederaufbau unseres schwer bedrängten Wirtschaftslebens beigetragen zu haben, übergebe ich es dem Urteil der Herren Fachgenossen und werde für Hinweise auf Mängel sowie für Verbesserungsvorschläge stets dankbar sein.

Homberg (Niederrhein), Frühjahr 1923.

Seufert.

Inhaltsverzeichnis.

I. Allgemeines.

Begriffsbestimmung der Verbrennung.

Unter Verbrennung im weitesten Sinne versteht man die Vereinigung eines Stoffes mit Sauerstoff, im engeren Sinne diejenigen dieser Vereinigungen, die unter Entwicklung von Licht und Wärme, also bei erheblicher Temperatursteigerung verlaufen[1]). Die Verbrennungen bei technischen Feuerungen erfolgen außerdem stets mit Flammenbildung. Es gehören also nicht hierher die sog. langsamen Verbrennungen, die nach längerer Einwirkung des Luftsauerstoffes zur Selbstentzündung führen können, z. B. hochgeschichtete Kohle, feucht gelagertes Heu usw. Eine Flamme entsteht dann, wenn ein brennbares Gas bei genügend hoher Temperatur mit Sauerstoff zusammenkommt. Jedes Gas, wie überhaupt jeder brennbare Stoff, hat eine bestimmte Entzündungstemperatur, die erst erreicht sein muß, bevor eine Verbrennung zustande kommt.

Die Entzündungstemperaturen sind folgende:

Kohlenoxyd	etwa	300°	Torf	etwa	225°
Wasserstoff	„	550°	Steinkohle	„	325°
Methan	„	650°	Holzkohle	„	360°
Kohlenstoff	„	700°	Koks	„	700°
schwere Kohlenwasserstoffe	600 bis	800°	Leuchtgas	„	800°

Brennbare Gase verbrennen am leichtesten. Flüssige und feste Brennstoffe müssen erst in gasförmigen Zustand gebracht werden, damit sie bei weiterer Sauerstoffzufuhr mit Flamme verbrennen. Zu diesem Zweck werden flüssige Brennstoffe in fein verteiltem Zustand mit Luft gemischt mittels einer Düse durch Dampf- oder besser Luftgebläse in einen erhitzten Feuerraum geblasen. Feste Brennstoffe werden durch Aufbringen auf das Feuer zuerst entgast, d. h. die

[1]) Allerdings verlaufen auch andere chemische Reaktionen ohne Beteiligung von Sauerstoff unter Licht- und Wärmeentwicklung, z. B. Eisen mit Schwefelpulver, Chlor mit fein geschlagenen Metallen usw.

gasförmigen Bestandteile werden durch Erhitzung ausgetrieben dann wird der hauptsächlich aus Kohlenstoff bestehende Rest vergast, d. h. durch Einwirkung des Luftsauerstoffes in Kohlenoxyd umgesetzt. Die bei der Entgasung und Vergasung entstehenden Gase verbrennen dann bei genügender Sauerstoffzufuhr mit einer Flamme, deren Länge von der Menge der bei der Entgasung entstehenden Gase abhängt; deshalb werden gasreiche Kohlen langflammig, gasarme (anthrazitähnliche, Koks) Kohlen kurzflammig genannt. Sehr kurzflammige Kohlen, wie die bei der jetzigen Brennstoffnot vielfach verheizte Schlammkohle, können nur mit Unterwind verfeuert werden. Die bei der Verbrennung entstehende Temperatur hängt ab von der chemischen Zusammensetzung des Brennstoffes und der zugeführten Luftmenge; sie ist um so höher, je mehr brennbare Bestandteile der Brennstoff enthält und je mehr sich die zugeführte Luftmenge der theoretisch notwendigen Luftmenge nähert.

Verbrennungsbedingungen.

Aus diesen Darlegungen geht hervor, daß eine Verbrennung nur dann zustande kommt, wenn folgende Bedingungen erfüllt sind:

1. Vorhandensein eines brennbaren Körpers.
2. Zufuhr von Sauerstoff.
3. Genügend hohe Temperatur.

Damit die Verbrennung vollkommen wird, d. h., damit in den Verbrennungserzeugnissen keine brennbaren Gase mehr enthalten sind, müssen außerdem noch folgende Bedingungen erfüllt sein:

4. Die zugeführte Sauerstoffmenge muß mindestens gleich der theoretisch erforderlichen sein, die man aus der chemischen Zusammensetzung des Brennstoffes und den Reaktionsgleichungen berechnen kann.
5. Die Verbrennungsluft muß mit den bei der Entgasung und der Vergasung entstehenden Gasen gut gemischt werden.

Ist eine dieser 5 Bedingungen nicht erfüllt, so findet entweder keine Verbrennung statt (z. B. wenn die Entzündungstemperatur nicht erreicht ist) oder die Verbrennung wird unvollkommen. Letzteres ist u. a. der Fall:

a) wenn die Brennstoffschicht im Verhältnis zur Zugstärke zu hoch ist, d. h. wenn infolge zu großen Luftwiderstandes der Brennstoffschicht nicht genügend Luft einströmen kann. Dies geschieht, wenn zuviel Brennstoff auf einmal aufgegeben wird. Das Auftreten unverbrannter Gase erkennt man dann an der Rauchentwicklung an der Schornsteinmündung;

b) wenn der Rost verschlackt und infolgedessen der Luftzutritt gehemmt ist;

c) wenn bei gasreicher Kohle der Feuerraum nicht genügend groß ist, so daß die Flamme, bevor sie voll entwickelt ist, an die verhältnismäßig kühlen Kesselwandungen kommt und die Verbrennung durch Ausscheidung von Ruß und unverbrannten Gasen unterbrochen wird. Bei gewöhnlichen Wasserrohrkesseln konnte man in vielen Fällen das Rauchen durch Tieferlegen des Rostes beseitigen. Den größten Feuerraum und die beste Flammenentwicklung haben die Steilrohrkessel;

d) wenn die bei sehr gasreicher Kohle oder bei Halbgasfeuerungen erforderliche, oberhalb des Rostes zuzuführende Luft zu kalt ist oder an ungeeigneten Stellen oder nicht genügend fein verteilt zugeführt wird.

Zustandsgleichung der Gase.

Für die sog. zweiatomigen Gase (Wasserstoff H_2, Sauerstoff O_2, Stickstoff N_2, Kohlenoxyd CO, Luft) gelten folgende Gesetze[1]):

a) Das Gay-Lussacsche Gesetz: Bei gleichbleibendem Druck verhalten sich die Volumina v_1 und v_2 gleicher Gewichtsmengen eines Gases wie die zugehörigen absoluten Temperaturen[2]) T_1 und T_2, also

$$\frac{v_1}{v_2} = \frac{T_1}{T_2} \quad \ldots\ldots\ldots\ldots \text{(Gl. 1)}$$

Ist das Gasgewicht = 1 kg, dann sind v_1 und v_2 die zugehörigen spezifischen Volumina, sowie $\gamma_1 = \frac{1}{v_1}$ und $\gamma_2 = \frac{1}{v_2}$ die zugehörigen spezifischen Gewichte; also ist auch

$$\frac{\gamma_1}{\gamma_2} = \frac{T_2}{T_1} \quad \ldots\ldots\ldots\ldots \text{(Gl. 2)}$$

Beispiel 1. Wie groß ist das spezifische Volumen und das spezifische Gewicht von Luft bei 100° und 760 mm Barometerstand, wenn das spezifische Gewicht bei 0° und 760 mm $\gamma_1 = 1{,}293$ kg/cbm ist?

---

[1]) S. auch Seufert, Technische Wärmelehre der Gase und Dämpfe, 2. Aufl., S. 6. Springer, Berlin 1921.

[2]) Absolute Temperatur $T = 273 + t°$ C.

Es ist:

das spezifische Gewicht $\gamma_1 = 1{,}293$ kg/cbm bei 0° und 760 mm; also

„ „ Volumen $v_1 = \frac{1}{1{,}293} = 0{,}773$ cbm/kg,

absolute Temperatur $T_1 = 273°$

„ „ $T_2 = 273 + 100 = 373°$;

folglich nach Gl. (1)

$$v_2 = v_1 \frac{T_2}{T_1} = 0{,}773 \cdot \frac{373}{273} = \mathbf{1{,}056} \text{ cbm/kg}$$

und

$$\gamma_2 = \frac{1}{1{,}056} = \mathbf{0{,}946} \text{ kg/cbm}.$$

Oder unmittelbar aus Gl. (2):

$$\gamma_2 = \gamma_1 \frac{T_1}{T_2} = 1{,}293 \cdot \frac{273}{373} = \mathbf{0{,}946} \text{ kg/cbm}.$$

b) Das Boyle-Mariottesche Gesetz: Bei gleichbleibender Temperatur verhalten sich die Volumina v_1 und v_2 gleicher Gewichtsmengen eines Gases umgekehrt wie die zugehörigen absoluten Drücke p_1 und p_2; also

$$\frac{v_1}{v_2} = \frac{p_2}{p_1} \qquad \text{(Gl. 3)}$$

Beispiel 2. Die Oberluft einer Halbgasfeuerung wird bei einem Barometerstand von 760 mm mit 100° und einem Überdruck von 300 mm Wassersäule eingeblasen; wie groß ist ihr spezifisches Volumen und spezifisches Gewicht?

Nach den Ergebnissen des Beispiels 1 ist hier zu setzen:

$v_1 = 1{,}056$ cbm/kg bei 100° und 760 mm QS. (in Beispiel 1 v_2 genannt)

$\gamma_1 = 0{,}946$ kg/cbm bei 100° und 760 mm QS. (in Beispiel 1 γ_2 genannt)

$p_1 = 760$ mm Quecksilbersäule[1])

$$p_2 = 760 + \frac{300}{13{,}6} = 760 + 22 = 782 \text{ mm QS.}$$

Also nach Gl. (3):

$$v_2 = v_1 \frac{p_1}{p_2} = 1{,}056 \frac{760}{782} = \mathbf{1{,}026} \text{ cbm/kg}$$

$$\gamma_2 = \gamma_1 \frac{p_2}{p_1} = 0{,}946 \frac{782}{760} = \mathbf{0{,}975} \text{ kg/cbm}$$

oder unmittelbar:

$$\gamma_2 = \frac{1}{v_2} = \frac{1}{1{,}026} = 0{,}975 \text{ kg/cbm}.$$

---

[1]) Spez. Gewicht des Quecksilbers = 13,6 kg/cdm.

c) **Vereinigung beider Gesetze:** Läßt man die durch Gl. (1) und (3) ausgedrückten Vorgänge sich nacheinander abspielen und setzt man für einen Augenblick in Gl. (1) $v_2 = v_2'$, dann ist v_2' zugleich das anfängliche spezifische Volumen v_1 in Gl. (3) und es ist

nach Gl. (1)

$$\frac{v_1}{v_2'} = \frac{T_1}{T_2}$$

und nach Gl. (3)

$$\frac{v_2'}{v_2} = \frac{p_2}{p_1}.$$

Durch Multiplikation dieser beiden Gleichungen entsteht

$$\frac{v_1}{v_2} = \frac{T_1}{T_2} \cdot \frac{p_2}{p_1}$$

oder

$$\frac{p_1 v_1}{T_1} = \frac{p_2 v_2}{T_2}.$$

Da die Größen p_1, v_1 und T_1 dem Anfangszustand des Gases entsprechen, kann man sie zu einer Konstanten zusammenfassen; setzt man z. B.

$p_1 = 1$ at abs. bei 760 mm QS $= 10\,330$ kg/qm[1])

$v_1 =$ spez. Volumen bei 0° und 760 mm

$T_1 = 273°$ abs. $= 0°$ C,

dann besitzt diese Konstante den Wert

$$R = \frac{p_1 v_1}{T_1} \quad \ldots\ldots\ldots \quad \text{(Gl. 4)}$$

und wird **Gaskonstante** genannt.

Die allgemeine Zustandsgleichung der Gase lautet dann:

$$p v = R \cdot T \quad \ldots\ldots\ldots \quad \text{(Gl. 5)}$$

Für jedes Gas hat die Konstante R einen bestimmten Wert, der nur von v_1 abhängt. Sind von den 3 Größen p, v und T zwei bekannt, dann ist der Zustand des Gases dadurch bestimmt und die dritte Größe läßt sich nach Gl. (5) berechnen.

Die allgemeine Zustandsgleichung gilt angenähert auch für mehratomige Gase (CO_2, CH_4 usw.), wenn ihre Temperatur genügend hoch über der Sättigungstemperatur liegt.

[1]) Also nicht = 1 techn. at = 1 kg/qcm = 10 000 kg/qm = 735 mm QS.

Beispiel 3. Die auf 0° und 760 mm bezogene Gaskonstante für trockene Luft ist zu berechnen.

Es ist in Gl. (4) zu setzen:

$$p_1 = 10\,330 \text{ kg/qm}$$

$$v_1 = \frac{1}{\gamma_1} = \frac{1}{1{,}293} = 0{,}773 \text{ cbm/kg}$$

$$T_1 = 273° \text{ abs.},$$

dann ist

$$R = \frac{p_1 \cdot v_1}{T_1} = \frac{10\,330 \cdot 0{,}773}{273} = \mathbf{29{,}27}\,.$$

Die zugehörigen Werte für die wichtigsten Gase enthält die

Zahlentafel 1.

Gaskonstanten.

	Chemisches Zeichen	Atomzahl im Molekül	Molekulargewicht	Spezifisches Gewicht bei 0° und 760 mm	Gaskonstante R
Wasserstoff	H_2	2	2,016	0,09004	420,0
Sauerstoff	O_2	2	32,00	1,4292	26,5
Stickstoff	N_2	2	28,02	1,2542	30,2
Kohlenoxyd	CO	2	28,00	1,2506	30,25
Luft	—	—	—	1,2928	29,27
Wasserdampf . . .	H_2O	3	18,016	0,8058	47,1
Kohlensäure . . .	CO_2	3	44,00	1,9652	19,25
Schweflige Säure .	SO_2	3	64,07	2,861	13,2
Ammoniak	NH_3	4	17,034	0,761	49,6
Methan	CH_4	5	16,032	0,7160	52,8
Benzol	H_6C_6	12	78,05	0,349	10,87

Beispiel 4. In einer Windleitung wurde gemessen:

Lufttemperatur $t = 300°$ C
Luftdruck $p = 3{,}5$ at (Überdruck)

Wie groß ist das spezifische Volumen und das spezifische Gewicht?

In Gl. (5) ist einzusetzen:

$$p = 4{,}5 \text{ at abs.} = 45\,000 \text{ kg/qm}$$

$$t = 300° \text{ C} = 573° \text{ abs},$$

$$R = 29{,}27;$$

also

$$\text{spez. Volumen } v = \frac{R\,T}{p} = \frac{29{,}27 \cdot 573}{45\,000} = \mathbf{0{,}373} \text{ cbm/kg}$$

$$\text{spez. Gewicht } \gamma = \frac{1}{v} = \frac{1}{0{,}373} = \mathbf{2{,}68} \text{ kg/cbm.}$$

d) Gaskonstante von Gasmischungen: Enthalten G kg eines Gasgemisches $G_1, G_2 \ldots G_n$ kg Einzelgase und sind $R_1, R_2 \ldots R_n$ die Gaskonstanten der Einzelgase, dann ist die Gaskonstante des Gemisches

$$R_m = \frac{1}{G} (R_1 G_1 + R_2 G_2 + \ldots + R_n G_n) \quad \text{. (Gl. 6)}$$

Da die Zusammensetzung von Gasgemischen gewöhnlich in Volumprozenten angegeben wird, müssen die Größen G, G_1, $G_2 \ldots G_n$ erst durch Multiplikation der Volumenteile mit den spezifischen Gewichten ermittelt werden, wie folgendes Beispiel zeigt:

Beispiel 5. Für trockenes Gichtgas von folgender Zusammensetzung:

H_2 =	2,6% =	0,026 cbm
CO =	32,5 „ =	0,325 „
N_2 =	58,7 „ =	0,587 „
CO_2 =	6,2 „ =	0,062 „
	100,0% =	1,000 cbm

ist die Gaskonstante zu berechnen.

Die Gewichtsanteile für 1 cbm sind unter Benutzung der in Zahlentafel 1 angegebenen spezifischen Gewichte folgende:

$H_2 = 0{,}026 \cdot 0{,}0900$	$= G_1 = 0{,}0023$	kg/cbm bei 0°	und	760 mm
$CO = 0{,}325 \cdot 1{,}250$	$= G_2 = 0{,}407$	„ „ 0°	„	760 „
$N_2 = 0{,}587 \cdot 1{,}254$	$= G_3 = 0{,}735$	„ „ 0°	„	760 „
$CO_2 = 0{,}062 \cdot 1{,}965$	$= G_4 = 0{,}122$	„ „ 0°	„	760 „
spez. Gewicht	$G = 1{,}266$	kg/cbm bei 0°	und	760 mm

Gaskonstante nach Gl. (6).

$$R_m = \frac{1}{1{,}266} (420{,}0 \cdot 0{,}0023 + 30{,}25 \cdot 0{,}407 + 30{,}2 \cdot 0{,}735 + 19{,}25 \cdot 0{,}122)$$

$$= \mathbf{29{,}9}\,.$$

Begriff des „Mol“.

Nach dem Gesetz von Avogadro enthalten gleiche Raumteile aller Gase bei gleichem Druck und gleicher Temperatur gleich viele Moleküle. Also verhalten sich die spez. Gewichte γ_1, γ_2 zweier Gase wie ihre Molekulargewichte μ_1, μ_2. Demnach ist für zwei beliebige Gase

$$\frac{\gamma_1}{\gamma_2} = \frac{\mu_1}{\mu_2},$$

ferner ist

$$\gamma_1 = \frac{1}{v_1} \text{ und } \gamma_2 = \frac{1}{v_2},$$

also
$$\frac{\mu_1}{\mu_2} = \frac{v_2}{v_1};$$
oder allgemein
$$\mu_1 v_1 = \mu_2 v_2 = \mu_3 v_3 = \ldots$$
$\mu_1 v_1$, $\mu_2 v_2 \ldots$ sind aber die Volumina von $\mu_1 \mu_2 \ldots$ kg; d. h. die Volumina von μ kg aller Gase sind bei gleichem Druck und gleicher Temperatur einander gleich.

Den Wert μv oder auch $\frac{\mu}{\gamma}$ bezeichnet man als **Mol.** Unter Mol versteht man also das Volumen von μ kg eines Gases, wenn μ das Molekulargewicht bedeutet.

Bei der zahlenmäßigen Angabe des Wertes für das Mol muß stets der Druck und die Temperatur berücksichtigt werden.

Zahlenbeispiel 6 für 0° und 760 mm (mit Benutzung von Zahlentafel 1).

Wasserstoff H_2: $\left.\begin{matrix}\mu = 2{,}016 \\ \gamma = 0{,}0900\end{matrix}\right\} \frac{\mu}{\gamma} = \frac{2{,}016}{0{,}0900} = \mathbf{22{,}4}$ cbm

Sauerstoff O_2: $\left.\begin{matrix}\mu = 32{,}0 \\ \gamma = 1{,}429\end{matrix}\right\} \frac{\mu}{\gamma} = \frac{32{,}0}{1{,}429} = \mathbf{22{,}4}$ „

Kohlenoxyd CO: $\left.\begin{matrix}\mu = 28{,}0 \\ \gamma = 1{,}250\end{matrix}\right\} \frac{\mu}{\gamma} = \frac{28{,}0}{1{,}250} = \mathbf{22{,}4}$ „

Demnach beträgt der Zahlenwert für

1 Mol bei 0° und 760 mm = **22,4 cbm**

1 „ „ 15° „ 735 „ $= 22{,}4 \cdot \frac{288}{273} \cdot \frac{760}{735} =$ **24,4 cbm.**

Mit dieser Beziehung läßt sich das Volumen v von 1 kg eines Gases oder gasförmig gedachten, festen oder flüssigen Stoffes berechnen, sobald sein Molekulargewicht μ bekannt ist, nach der Gleichung
$$v_0 = \frac{22{,}4}{\mu} \text{ cbm/kg bei } 0° \text{ und } 760 \text{ mm}$$
und
$$v_{15} = \frac{24{,}4}{\mu} \quad „ \quad „ \quad 15° \quad „ \quad 735 \quad „$$

Beispiel 7. Das spezifische Volumen für Wasserstoff und gasförmig gedachten Kohlenstoff ist für 0° und 760 mm zu berechnen.

Es ist für

Wasserstoff H_2 : $\mu = 2{,}016$ und $v = \frac{22{,}4}{2{,}016} = 11{,}1$ cbm/kg

Kohlenstoff C_2 : $\mu = 24{,}00$ „ $v = \frac{22{,}4}{24{,}00} = 0{,}933$ „

Spezifische Wärme der Gase.

Unter spezifischer Wärme versteht man allgemein die Wärmemenge, die erforderlich ist, um 1 kg oder 1 cbm eines Körpers um 1° zu erwärmen. Diese Wärmemenge wird bei festen und flüssigen Körpern immer auf 1 kg, bei Gasen entweder auf 1 kg

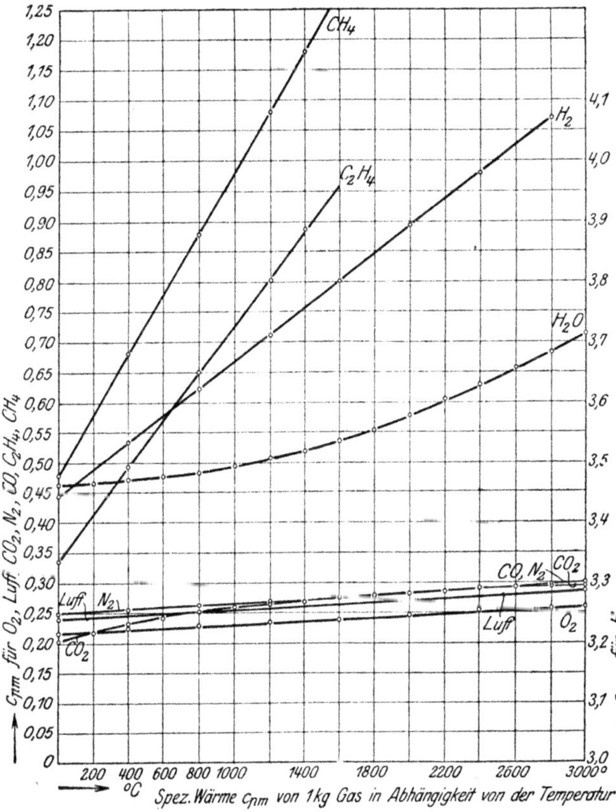

Abb. 1.

oder auf 1 cbm bei 0° und 760 mm, oder auf 1 cbm bei 15° und 735 mm (= 1 at abs.) bezogen. Da besonders bei Gasen die spezifische Wärme sich mit der Temperatur ändert, ist zu unterscheiden zwischen

a) wahrer spezifischer Wärme,

b) mittlerer spezifischer Wärme.

Ist zur Erwärmung von z. B. 1 kg eines Körpers von $t_1{}^\circ$ auf $t_2{}^\circ$ die Wärmemenge Q erforderlich, so bezeichnet man den Wert

$$c_m = \frac{Q}{t_2 - t_1}$$

als mittlere spezifische Wärme.

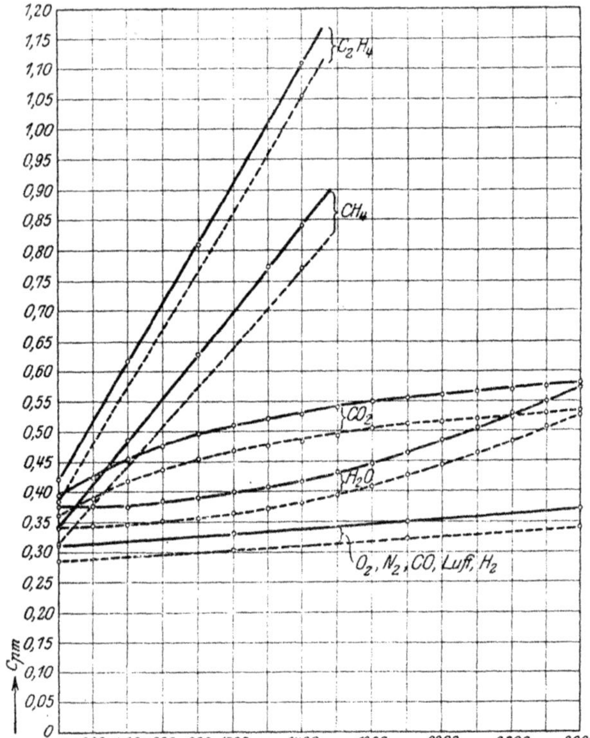

Abb. 2.

Je kleiner der Temperaturunterschied $t_2 - t_1$ gewählt wird, um so mehr nähert sich dieser Wert c_m der wahren spezifischen Wärme, die dann durch

$$c = \frac{\Delta Q}{\Delta t}$$

definiert ist.

Für technische Rechnungen kommt nur c_m in Frage. Bei Gasen ist ferner zu unterscheiden zwischen

a) spezifischer Wärme bei konstantem Druck (c_p);

b) ,, ,, ,, ,, Volumen (c_v).

Für zweiatomige Gase hat das Verhältnis

$$k = \frac{c_p}{c_v}$$

den gleichen Wert $k = 1{,}41$.

Die Werte für die mittlere spezifische Wärme c_{pm} für die wichtigsten Gase[1]) bei konstantem Druck und Temperaturen von 0° bis 3000°, bezogen auf 1 kg, sowie auf diejenige Gasmenge, die in 1 cbm bei 0° und 760 mm und 1 cbm bei 15° und 735 mm enthalten ist, sind in Zahlentafel 2 zusammengestellt. Abb. 1 enthält die zeichnerische Darstellung für 1 kg, Abb. 2 für 1 cbm Gas.

Die mittlere spezifische Wärme eines Gasgemisches erhält man als Summe der Produkte: Anteil von Einzelgas in kg bzw. cbm mal seiner spezifischen Wärme.

Beispiel 8. Für trockenes Gichtgas von folgender Zusammensetzung (wie Beispiel 5):

H_2 =	2,6% =	0,026 cbm
CO =	32,5 ,, =	0,325 ,,
CO_2 =	6,2 ,, =	0,062 ,,
N_2 =	58,7 ,, =	0,587 ,,
Gemisch =	100,0% =	1,000 cbm

ist die mittlere spezifische Wärme bei 500° für 1 kg, sowie für 1 cbm bezogen auf 0° und 760 mm QS und auf 15° und 735 mm QS zu berechnen.

Gas	Volumen in 1 cbm	Auf 0° und 760 mm bezogen		Auf 15° und 735 mm bezogen		Spezif. Gewicht bei 0° und 760 mm	kg Gas in 1 cbm Gichtgas bei 0° und 760 mm	kg Gas in 1 kg Gichtgas	c_{pm}/kg	Anteilige Wärme in 1 kg Gichtgas
		c_{pm}/cbm	Anteilige Wärme in 1 cbm Gichtgas	c_{pm}/cbm	Anteilige Wärme in 1 cbm Gichtgas					
	cbm	WE	WE	WE	WE	kg/cbm			WE	WE
H_2	0,026	0,320	0,0083	0,294	0,0076	0,0900	0,0023	0,002	3,557	0,0070
CO	0,325	0,322	0,1046	0,295	0,0959	1,2506	0,4065	0,321	0,257	0,0825
CO_2	0,062	0,467	0,0290	0,429	0,0266	1,9652	0,1218	0,096	0,238	0,0228
N_2	0,587	0,322	0,1890	0,295	0,1732	1,2542	0,7362	0,581	0,225	0,1297
	1,000	c_{pm}/cbm = **0,3309**		c_{pm}/cbm = **0,3033**		γ_0 =	**1,2668**	1,000	c_{pm}/kg = **0,2420**	
1	2	3	4	5	6	7	8	9	10	11

[1]) Nach Prof. Dr. Neumann, Stahl und Eisen 1919, S. 746.

Zahlen-

Mittlere spezifische Wärme c_{pm}

t°	CO_2			Wasserdampf			O_2			CO, N_2		
	für 1 kg	für 1 cbm		für 1 kg	für 1 cbm		für 1 kg	für 1 cbm		für 1 kg	für 1 cbm	
		bei 0° u. 760	bei 15° u. 735		bei 0° u. 760	bei 15° u. 735		bei 0° u. 760	bei 15° u. 735		bei 0° u. 760	bei 15° u. 735
0	0,202	0,397	0,364	0,462	0,372	0,341	0,218	0,312	0,286	0,249	0,312	0,286
100	0,209	0,410	0,377	0,464	0,374	0,343	0,219	0,313	0,288	0,251	0,314	0,288
200	0,217	0,426	0,391	0,466	0,375	0,344	0,221	0,315	0,290	0,252	0,316	0,290
300	0,225	0,442	0,405	0,468	0,376	0,346	0,222	0,317	0,291	0,254	0,318	0,292
400	0,232	0,456	0,418	0,470	0,378	0,347	0,224	0,320	0,293	0,255	0,320	0,293
500	0,238	0,467	0,429	0,473	0,381	0,350	0,225	0,322	0,295	0,257	0,322	0,295
600	0,243	0,477	0,438	0,476	0,384	0,352	0,226	0,324	0,296	0,259	0,324	0,298
700	0,248	0,487	0,447	0,479	0,386	0,354	0,228	0,326	0,298	0,261	0,326	0,300
800	0,253	0,497	0,456	0,484	0,390	0,357	0,229	0,328	0,300	0,262	0,328	0,301
900	0,257	0,505	0,463	0,490	0,395	0,362	0,231	0,330	0,302	0,264	0,330	0,303
1000	0,260	0,511	0,469	0,495	0,399	0,365	0,232	0,332	0,304	0,266	0,333	0,305
1100	0,263	0,517	0,474	0,500	0,403	0,369	0,234	0,334	0,306	0,267	0,335	0,307
1200	0,265	0,521	0,478	0,507	0,408	0,374	0,235	0,336	0,308	0,269	0,337	0,309
1300	0,268	0,526	0,483	0,513	0,413	0,379	0,236	0,338	0,310	0,271	0,339	0,311
1400	0,270	0,530	0,486	0,520	0,419	0,384	0,238	0,340	0,312	0,272	0,341	0,313
1500	0,273	0,536	0,491	0,527	0,425	0,389	0,239	0,342	0,314	0,274	0,343	0,315
1600	0,275	0,541	0,495	0,535	0,431	0,395	0,241	0,344	0,316	0,276	0,345	0,317
1700	0,278	0,546	0,501	0,544	0,438	0,402	0,242	0,346	0,317	0,277	0,347	0,319
1800	0,280	0,550	0,505	0,554	0,446	0,409	0,243	0,348	0,319	0,279	0,349	0,321
1900	0,282	0,554	0,508	0,566	0,456	0,418	0,245	0,350	0,321	0,281	0,351	0,323
2000	0,283	0,556	0,510	0,578	0,465	0,427	0,246	0,352	0,323	0,282	0,353	0,324
2100	0,284	0,558	0,512	0,590	0,475	0,436	0,248	0,354	0,325	0,284	0,355	0,326
2200	0,286	0,562	0,515	0,603	0,485	0,445	0,249	0,356	0,327	0,286	0,358	0,328
2300	0,288	0,566	0,519	0,616	0,496	0,455	0,250	0,358	0,328	0,287	0,360	0,330
2400	0,289	0,568	0,521	0,629	0,506	0,465	0,252	0,360	0,330	0,289	0,362	0,332
2500	0,290	0,570	0,523	0,642	0,517	0,474	0,253	0,362	0,332	0,291	0,364	0,334
2600	0,291	0,572	0,525	0,655	0,527	0,484	0,255	0,364	0,334	0,292	0,366	0,336
2700	0,293	0,575	0,528	0,609	0,538	0,494	0,256	0,366	0,336	0,294	0,368	0,338
2800	0,294	0,577	0,530	0,683	0,550	0,505	0,257	0,368	0,337	0,296	0,370	0,340
2900	0,295	0,580	0,532	0,698	0,562	0,516	0,259	0,370	0,339	0,297	0,372	0,342
3000	0,296	0,582	0,534	0,713	0,575	0,527	0,260	0,372	0,341	0,299	0,374	0,344

l 2.

Gase zwischen 0° und t°.

	Luft		H_2			CH_4			C_2H_4		
r	für 1 cbm		für	für 1 cbm		für	für 1 cbm		für	für 1 cbm	
kg	bei 0° u. 760	bei 15° u. 735	1 kg	bei 0° u. 760	bei 15° u. 735	1 kg	bei 0° u. 760	bei 15° u. 735	1 kg	bei 0° u. 760	bei 15° u. 735
41	0,312	0,286	3,445	0,310	0,285	0,480	0,343	0,314	0,336	0,420	0,385
43	0,314	0,288	3,467	0,312	0,287	0,530	0,379	0,347	0,375	0,469	0,430
44	0,316	0,290	3,490	0,314	0,288	0,580	0,415	0,380	0,414	0,518	0,475
46	0,318	0,292	3,512	0,316	0,290	0,630	0,450	0,413	0,455	0,569	0,521
47	0,320	0,293	3,534	0,318	0,292	0,680	0,486	0,446	0,493	0,616	0,565
49	0,322	0,295	3,557	0,320	0,294	0,736	0,522	0,478	0,532	0,665	0,610
50	0,323	0,296	3,579	0,322	0,296	0,779	0,557	0,510	0,570	0,714	0,654
52	0,325	0,298	3,601	0,324	0,298	0,829	0,593	0,543	0,610	0,763	0,699
53	0,327	0,300	3,624	0,326	0,300	0,879	0,629	0,576	0,650	0,812	0,745
56	0,329	0,302	3,646	0,328	0,302	0,927	0,664	0,608	0,689	0,861	0,790
57	0,332	0,304	3,668	0,330	0,304	0,976	0,700	0,642	0,729	0,911	0,835
58	0,334	0,306	3,691	0,332	0,305	1,030	0,736	0,675	0,768	0,960	0,880
60	0,336	0,308	3,713	0,334	0,307	1,080	0,772	0,707	0,805	1,009	0,923
61	0,338	0,310	3,735	0,336	0,309	1,130	0,807	0,740	0,845	1,056	0,966
63	0,340	0,312	3,758	0,338	0,311	1,178	0,843	0,772	0,885	1,107	1,015
64	0,342	0,313	3,780	0,340	0,312	1,228	0,879	0,805	0,925	1,156	1,160
66	0,344	0,315	3,802	0,342	0,314	—	—	—	—	—	—
67	0,346	0,317	3,824	0,344	0,316	—	—	—	—	—	—
69	0,348	0,319	3,847	0,346	0,318	—	—	—	—	—	—
71	0,350	0,321	3,869	0,348	0,320	—	—	—	—	—	—
72	0,352	0,323	3,891	0,350	0,322	—	—	—	—	—	—
74	0,354	0,325	3,914	0,352	0,323	—	—	—	—	—	—
75	0,356	0,326	3,936	0,354	0,325	—	—	—	—	—	—
77	0,358	0,328	3,958	0,356	0,327	—	—	—	—	—	—
78	0,360	0,330	3,981	0,358	0,329	—	—	—	—	—	—
80	0,362	0,332	4,003	0,360	0,331	—	—	—	—	—	—
81	0,364	0,334	4,025	0,362	0,333	—	—	—	—	—	—
83	0,366	0,336	4,047	0,364	0,334	—	—	—	—	—	—
84	0,368	0,337	4,070	0,366	0,336	—	—	—	—	—	—
86	0,370	0,339	4,092	0,368	0,338	—	—	—	—	—	—
88	0,372	0,341	4,115	0,370	0,340	—	—	—	—	—	—

Die Zahlen der einzelnen Zeilen ergeben sich wie folgt, z. B. für die erste Zeile „Wasserstoff“:

Spalte 2: Volumen in 1 cbm = 0,026 cbm (gegeben).

„ 3: Spezifische Wärme c_{pm}/cbm = 0,320 WE (aus Zahlentafel 2).

„ 4: Anteilige Wärme in 1 cbm Gichtgas (bezogen auf 0° und 760 mm) = 0,026 · 0,320 = 0,0083 WE/cbm.

„ 5: Spezifische Wärme c_{pm}/cbm = 0,294 WE (aus Zahlentafel 2).

„ 6: Anteilige Wärme in 1 cbm Gichtgas (bezogen auf 0° und 760 mm) = 0,026 · 0,294 = 0,0076 WE/cbm.

„ 7: Spezifisches Gewicht = 0,0900 (aus Zahlentafel 1).

„ 8: kg in 1 cbm Gichtgas bei 0° und 760 mm = 0,026 · 0.0900 = 0,0023 kg.

„ 9: kg in 1 kg Gichtgas = $\frac{0,0023}{1,2668}$ = 0,002 kg.

„ 10: Spezifische Wärme c_{pm}/kg = 3,557 WE/kg (aus Zahlentafel 2).

„ 11: Anteilige Wärme in 1 kg Gichtgas = 0,002 · 3,557 = 0,0070 WE.

Die spezifischen Wärmen des Gichtgases erhält man durch Addition der anteiligen Wärmemengen; also

c_{pm}/cbm = 0,3309 WE bezogen auf 0° und 760 mm
c_{pm}/cbm = 0,3033 „ „ „ 15° „ 735 „
c_{pm}/kg = 0,2420 „

Nebenbei ergibt sich das spezifische Gewicht γ_0 = 1,2668 kg/cbm bei 0° und 760 mm.

II. Die Brennstoffe und ihre Eigenschaften.

Allgemeines.

Die kennzeichnenden Eigenschaften jedes Brennstoffes sind ihre chemische Zusammensetzung und ihr Heizwert. Die wesentlichen brennbaren Bestandteile sind Kohlenstoff und Wasserstoff, dazu in vielen Fällen noch Schwefel. Bei vollkommener Verbrennung verbrennt der Kohlenstoff zu Kohlensäure (CO_2), der Wasserstoff zu Wasserdampf (H_2O) und der Schwefel zu schwefliger Säure (SO_2).

Unter Heizwert versteht man die Anzahl von Wärmeeinheiten (WE oder kg-Kal.), die 1 kg eines festen oder flüssigen oder 1 cbm eines gasförmigen Brennstoffes (bezogen auf 0° und 760 mm oder 15° und 735 mm) bei vollständiger Verbrennung entwickelt; dabei ist 1 WE die Wärmemenge, die erforderlich ist, um 1 kg Wasser von 14,5° auf 15,5° zu erwärmen. Bei der kalorimetrischen Bestimmung des Heizwertes[1]) schlägt sich der aus dem Wasserstoff und dem hygroskopischen Wasser des

[1]) Siehe später.

Brennstoffes entstehende Wasserdampf an den Kalorimeterwandungen nieder, wobei für je 1 kg Wasserdampf etwa 600 WE frei werden. Diese 600 WE sind also in der im Kalorimeter gemessenen Wärmemenge enthalten, können aber im praktischen Betriebe niemals ausgenützt werden, weil die Temperatur der Abgase stets höher als 100° ist; sie beträgt z. B. bei Dampfkesseln ohne Vorwärmer 250° bis 350°, mit Vorwärmer 150° bis 250°, bei Glühöfen ohne Rekuperator[1]) über 800°, mit Rekuperator etwa 500°, bei Gasmaschinen 400° bis 500° usw. Das Wasser ist in den Abgasen also stets als überhitzter Wasserdampf enthalten. Deshalb unterscheidet man:

1. den oberen Heizwert H_o, in dem die Niederschlagswärme des Wasserdampfes enthalten ist,

2. den unteren Heizwert H_u, der sich aus dem oberen Heizwert durch Abzug von je 600 WE für 1 kg Wasserdampf ergibt.

Zahlentafel 3.

Spezifische Gewichte und Heizwerte.

	Chemisches Zeichen	Spezif. Gewicht kg/cbm		Heizwert[2]) WE für 1 kg		Heizwert[2]) für 1 cbm bei 0° u. 760 mm		Heizwert[2]) für 1 cbm bei 15° u. 735 mm	
		bei 0° u. 760 mm[2])	bei 15° u. 735 mm[6])	oberer H_o	unterer H_u	oberer H_o	unterer H_u	oberer H_o	unterer H_u
Kohlenstoff	C	—	—	8100[4])	—	—	—	—	—
Schwefel . . .	S	—	—	2220[5])	—	—	—		—
Wasserstoff .	H_2	0,09004	0,0826	34 100	28 700	3 070	2 580	2 800	2 360
Kohlenoxyd .	CO	1,2506	1,1468	2440		3050		2800	
Methan . . .	CH_4	0,7160	0,6566	13 250	11 900	9 500	8 530	8 700	7 820
Äthylen . . .	C_2H_4	1,2520	1,1481	12 000	11 230	15 000	14 050	13 800	12 920
Azetylen . .	C_2H_2	1,1620	1,0655	12 000	11 600	13 950	13 500	12 800	12 360
Kohlensäure .	CO_2	1,9652	1,8021	—	—	—	—	—	—
Sauerstoff . .	O_2	1,4292	1,3106	—	—	—	—	—	—
Stickstoff . .	N_2	1,2542	1,1521	—	—	—	—	—	—
Wasserdampf	H_2O	0,8058[3])	0,7386	—	—	—	—	—	—
Luft	—	1,2928	1,1855	—	—	—	—	—	—
Benzol . . .	C_6H_6	—	—	10 000	9 600	—	—	—	—

[1]) Einrichtung zur Vorwärmung der Luft durch die Abgase.

[2]) Landolt-Börnstein, 3. Aufl., S. 222.

[3]) Ingenieur-Taschenbuch der „Hütte“, 22. Aufl., S. 473 und 618.

[4]) Landolt-Börnstein, S. 430, als Mittelwert aus der Bildungswärme von CO_2 berechnet.

[5]) Landolt-Börnstein, S. 429, als Mittelwert aus der Bildungswärme von gasförmiger SO_2 berechnet. Die später behandelte „Verbandsformel“ nimmt 2500 WE/kg an.

[6]) Berechnet.

Nach den in Deutschland geltenden Normen ist stets mit dem unteren Heizwert zu rechnen[1]).

Die vorstehende Zahlentafel 3 enthält die Heizwerte der wichtigsten Elemente und Verbindungen; in diese Zahlentafel sind wegen späterer Berechnungen auch die spezifischen Gewichte brennbarer und einiger nicht brennbarer Stoffe aufgenommen.

Feste Brennstoffe.

Für Industriefeuerungen kommen vorwiegend folgende festen Brennstoffe in Betracht: Steinkohle, Koks, Brikett, Braunkohle, Torf, Abfallkohlen wie Schröben[2]) (Unverbranntes aus Herdrückständen), Schlammkohle, Rauchkammerlösche, Holzabfälle. Die Kohle ist aus untergegangenen vorgeschichtlichen Schachtelhalmwäldern entstanden, die durch irgendwelche Einstürze mehr oder weniger tief unter die Erdoberfläche geraten und dort vermodert sind. Bei diesem unter Luftabschluß sich abspielenden Vorgang bildeten sich Kohlensäure und Methan — dieses deshalb auch Sumpf- oder Grubengas genannt —, wodurch der Gehalt der Holzfaser an Wasserstoff und Sauerstoff abnahm, während der Kohlenstoffgehalt zunahm. Dieser Vorgang ist in geologisch älteren Schichten weiter vorgeschritten als in jüngeren Schichten; dies geht aus folgender Zahlentafel 4 hervor, in der die Brennstoffe nach ihrem geologischen Alter geordnet sind (nach Schwackhöfer):

Zahlentafel 4.

Zusammensetzung wasser- und aschefreier Brennstoffe.

	C %	H %	O %
Holzfaser	50	6,3	43,7
Jüngerer Torf (Fasertorf)	54	6	40
Älterer Torf (Specktorf)	60	6	34
Lignit (holzartige Braunkohle)	62	6	32
Gewöhnliche Braunkohle	70	5,5	24,5
Fette Steinkohle	80	5	15
Magere Steinkohle	88	4	8
Anthrazit	95	2	3

Die Einteilung der Steinkohlen kann nach verschiedenen Gesichtspunkten erfolgen, z. B.:

[1]) Amerika rechnet mit dem oberen Heizwert.

[2]) Zur Gewinnung derselben verwendet man für kleinere Anlagen Waschapparate, für größere Anlagen magnetische Aufbereitungsmaschinen.

a) Nach dem Gasreichtum:
1. Magerkohle, 2. Fettkohle.

b) Nach der Beschaffenheit des bei der Verkokung entstehenden Kokses:
1. Gasreiche Sinter- und Sandkohle.
2. Gaskohle, gasreiche Back- oder backende Sinterkohle.
3. Back-, Schmiede- oder Kokskohle (Fettkohle).
4. Magerkohle, gasarme Sinterkohle.
5. Anthrazit, gasarme Sandkohle.

Die hauptsächlichsten Eigenschaften dieser Kohlenarten ergeben sich aus folgender

Zahlentafel 5.
Steinkohlentypen[1]).

Nr.	Kohlentype	Elementar-zusammensetzung[2]) %	Verhältnis $O_2:H_2$	Koksausbeute %	Spezif. Koksgewicht kg/cbm	Beschaffenheit des Koks
1	Trockene Kohle mit langer Flamme (Sandkohle) . . .	C = 75,0 bis 80,0 H_2 = 5,5 „ 4,5 O_2 = 12,5 „ 15,0	3 bis 4	50 bis 60	1,25	pulverförmig, höchstens zusammengefrittet
2	Fette Kohle mit langer Flamme (Gaskohle) . . .	C = 80,0 bis 85,0 H_2 = 5,8 „ 5,0 O_2 = 14,2 „ 10,2	2 bis 3	60 bis 68	1,28 bis 1,30	geschmolzen, aber stark zerklüftet
3	Fette Kohle (Schmiedekohle)	C = 84,0 bis 89,0 H_2 = 5,5 „ 5,0 O_2 = 11,0 „ 5,5	1 bis 2	68 bis 74	1,30	geschmolzen, bis mittelmäßig kompakt
4	Fette Kohle mit kurzer Flamme (Kokskohle) . . .	C = 88,0 bis 91,0 H_2 = 5,5 „ 4,5 O_2 = 6,8 „ 5,5	1	74 bis 82	1,30 bis 1,35	geschmolzen, sehr kompakt, wenig zerklüftet
5	Magere Kohle oder Anthrazit mit kurzer Flamme .	C = 90,0 bis 93,0 H_2 = 4,5 „ 4,0 O_2 = 5,5 „ 3,0	1	82 bis 92	1,35 bis 1,41	gefrittet oder pulverförmig

c) Nach dem Förderungsgebiet[3]): Die wichtigsten Kohlenbecken in Deutschland sind:
1. Das Ruhrgebiet (einschl. Niederrhein)
2. Das sächsische Gebiet
3. Das Saargebiet
4. Das oberschlesische Gebiet

} für Steinkohlen.

[1]) Ingenieur-Taschenbuch der „Hütte“, 22. Aufl., S. 457.
[2]) Nach Abzug von Wasser und Asche.
[3]) Ausführliche Zusammenstellung siehe Gensch, Berechnung, Entwurf und Betrieb rationeller Kesselanlagen. Springer, Berlin 1913, S. 8—17.

Dazu noch kleinere Gebiete bei Aachen (Anthrazit), in Niederschlesien, in Oberbayern.

5. Das Lausitzer Gebiet
6. Das mitteldeutsche Gebiet
7. Das sächsische Gebiet
8. Das niederrheinische Gebiet

} für Braunkohlen.

Dazu noch kleinere Gebiete in Hessen, Unterfranken, Oberpfalz. Die mächtigsten Braunkohlenlager sind in Böhmen.

In Zahlentafel 6 sind für Kohlen und sonstige Brennstoffe aus diesen Gebieten die wichtigsten Werte zusammengestellt. Die Elementaranalyse bezieht sich auf die rohe Kohle. Da bei der Analyse $O_2 + N_2$ meistens zusammen bestimmt wird, kann man den O_2-Gehalt für sich berechnen, wenn man $N_2 = 1\,\%$ annimmt. In die Zahlentafel sind für spätere Rechnungen auch der theoretische Luftbedarf für 1 kg Brennstoff (ohne Luftüberschuß), sowie die von 1 kg Brennstoff erzeugte theoretische Gesamtgasmenge einschließlich Wasserdampf, das auf 0° und 760 mm bezogene spezifische Gewicht des Verbrennungsgases einschließlich Wasserdampf und der bei Zufuhr der theoretischen Luftmenge und vollkommener Verbrennung entstehende CO_2 Gehalt k_{max} der trockenen Verbrennungsgase aufgenommen.

d) Nach der Aufbereitung:

1. Förderkohle (noch nicht aufbereitet).
2. Gewaschene Kohle (von erdigen Beimengungen befreit)
3. Stückkohle (nur große Stücke).
4. Würfelkohle (im Saargebiet und in Schlesien gebräuchlich für kleinere Stücke).
5. Nußkohle I bis IV (Siebungen gleicher Größe).
6. Erbskohle (in Schlesien gebräuchlich).
7. Kohlengrus.
8. Schlammkohle (im Wasser der Kohlenwäsche enthalten).

Durch längeres Lagern an der Luft verwittert die Kohle allmählich, wodurch Heizwert, Verkokungs- und Vergasungswert abnehmen. Zugleich besteht die Gefahr der Selbstentzündung der in hoher Schicht aufgespeicherten Kohlenvorräte[1]).

[1]) Ausführliches hierüber sowie über zweckmäßige Lagerung siehe Zeitschr. d. Bayer. Rev.-Vereins 1920, S. 128, sowie Ingenieur-Taschenbuch der „Hütte", 22. Aufl., S. 460.

Zahlentafel 6.

Zusammensetzung, Heizwert, theoretischer Luftbedarf und Verbrennungsgasmenge für Brennstoffe verschiedener Herkunft[1]).

	Elementaranalyse, Gewichtsprozent						Unterer Heizwert WE/kg	Theoret. Luftbedarf kg/kg	Verbrennungsgas		
	C	H_2	O_2+N_2	S	H_2O	Asche			Höchster CO_2-Gehalt k_{max}	Theoret. Gasgewicht für 1 kg Brennstoff	Spez. Gewicht kg/cbm bei 0° und 760 mm
Westfälische Steinkohle (Ruhr)	79	4,5	7	1	2,5	6	7500	10,35	18,75	11,29	1,353
Sächsische Steinkohle	70	4	9	1	9	7	6500	9,17	18,9	10,10	1,362
Saarkohle, Oberschles. Steinkohle, Niederschles. Steinkohle	73	4,5	10	1	3,8	7,7	6900	9,65	18,85	10,58	1,350
Oberbayer. Steinkohle	53	4	12	5	9	17	5200	7,16	18,5	8,00	1,370
Englische Steinkohle	75	4,5	8	1	5,5	6	7100	9,88	18,83	10,82	1,354
Anthrazit	86	3,5	3,5	1	2	4	7800	11,0	19,25	11,94	1,370
Koks, lufttrocken	84	1	3	1	3	8	7000	9,9	20,50	10,82	1,393
„ naß	68	0,4	2,6	1	21	7	5450	7,99	—	8,92	—
Lausitzer Braunkohle	25,5	2,4	11,5	1,3	49,1	10,2	2230	3,36	19,1	4,26	1,32
Mitteldeutsche Braunkohle:											
Revier Halle	31	2,8	9,0	1,3	49,0	6,3	2800	4,17	18,6	5,11	1,31
„ Bitterfeld	30	2,3	9,5	1	50,9	6,3	2470	3,92	19,2	4,86	1,31
„ Zeitz	29	2,7	7,5	1,3	53,0	6,5	2500	3,99	18,35	4,93	1,26
Kölner Braunkohle	24,6	1,9	10,7	1	59	2,8	1950	3,10	19,5	4,07	1,29
Unterfränk. Braunkohle	23,3	2,1	8,8	1	62	2,8	1820	3,10	18,9	4,07	1,27
Oberpfälz. Braunkohle	21,8	1,8	9,6	1	53,8	12,0	1660	2,80	19,4	3,68	1,29
Böhm. Braunkohle	52	4,2	13	1	24	6	4800	6,95	18,60	7,89	1,32
„ Klarkohle	37,3	2,9	10,1	1	41,4	7,3	3380	4,94	19,1	5,87	1,33
Sächsische Braunkohlenbriketts	53	4,5	18	1	15	8,5	4800	6,90	18,70	7,82	1,325
Lausitzer Braunkohlenbriketts	55,1	4,4	23,1	0,4	11,6	5,4	4860	6,90	19,9	7,85	1,41
Rheinische Braunkohlenbriketts	55	4,1	21,4	0,4	13,5	5,6	4890	6,83	19,8	7,77	1,40
Holz, lufttrocken	40	4,5	37	—	16	1,5	3500	4,58	20,9	5,56	1,308
Torf, gepreßt	43	4	24	0,5	23	5,5	3800	5,35	19,8	6,30	1,317
Lohe, gepreßt	19	2,2	15	—	62	1,8	1300	2,30	20,1	3,28	1,190

Flüssige Brennstoffe[2]).

Diese dienen vorzugsweise als Betriebsstoff für Verbrennungskraftmaschinen; doch wird hie und da Teeröl auch zur Heizung von Dampfkesseln und industriellen Öfen verwendet. Man unterscheidet

[1]) Nach Herberg, Feuerungstechnik und Dampfkesselbetrieb. Springer, Berlin 1919, S. 82 und Stahl u. Eisen 1920, S. 1068.

[2]) Siehe auch Schmitz, Die flüssigen Brennstoffe. Springer, Berlin 1919.

a) Destillationserzeugnisse des Erdöles;
b) „ „ Steinkohlenteeres;
c) „ „ Braunkohlenteeres;
d) Spiritus.

a) Das Erdöl und seine Destillate. Das Erdöl besteht hauptsächlich aus 80 bis 86 % C und 10 bis 13% H und kommt aus großen, durch Bohrlöcher erschlossenen Lagern, von denen sich die ergiebigsten in Nordamerika (Pennsylvanien), im Kaukasusgebiet (Baku), in Galizien und Rumänien befinden. Durch fraktionierte Destillation (bei stufenweise gesteigerter Temperatur) werden vier sog. Fraktionen aufgefangen:

1. Benzin, eine Mehrheit der am leichtesten siedenden Destillate, die bis zur Temperatur von 150° übergehen.
2. Petroleum, geht zwischen 150° und 300° über.
3. Gasöl, auch Mittel-, Blau- oder Grünöl genannt, geht zwischen 300° und 360° über.
4. Masut, die Rückstände, die auf Schmieröl verarbeitet oder an der Erzeugungsstelle als Treiböl in Dieselmaschinen verwendet werden.

1. **Benzin.** Die amerikanischen und galizischen Benzine gehören der Methanreihe ($C_n H_{2n+2}$) an, bestehen also aus Pentan C_5H_{12}, Hexan C_6H_{14}, Heptan C_7H_{16}, Oktan C_8H_{18}, während die russischen Benzine vorwiegend Glieder der Naphthenreihe (C_nH_{2n}) enthalten, also: Zyklohexan C_6H_{12}, Heptanaphten C_7H_{14} usw. Im Handel werden folgende Benzinsorten unterschieden:

Zahlentafel 7.

Bezeichnung	Spez. Gewicht bei 15° C kg/cdm	Siedegrenze °C
Gasolin I (Petroläther)	0,65 bis 0,66	30 bis 80
Gasolin II (Leichtbenzin)	0,66 „ 0,68	30 „ 95
Autoluxusbenzin	0,69 „ 0,70	50 „ 105
Automobilbenzin I	0,70 „ 0,705	50 „ 110
Motorenbenzin I	0,715 „ 0,72	50 „ 115
Handelsbenzin	0,725 „ 0,735	70 „ 115
Waschbenzin (Ligroin)	0,74 „ 0,75	80 „ 120
Schwerbenzin (Lackbenzin)	0,75 „ 0,76	80 „ 130

Mittlere Elementaranalyse von Automobilbenzin:

$$C = 85{,}1\,\%$$
$$H_2 = 14{,}9\ „$$

Hieraus berechnet sich (entsprechend den letzten Spalten von Zahlentafel 6):

Theoretischer Luftbedarf für 1 kg Benzin . . .	= 14,9 kg
Höchster CO_2-Gehalt der Verbrennungsgase k_{max}	= 14,9%
Theoretisches Gasgewicht aus 1 kg Benzin . . .	= 15,9 kg
Spez. Gewicht des theoret. Verbrennungsgases .	= 1,30 kg/cbm
Unterer Heizwert (kalorimetrisch)	= 10 160 WE/kg

Wegen seiner Leichtflüchtigkeit ist Benzin in hohem Maße feuergefährlich[1]) und darf deshalb nie in der Nähe offener Flammen abgefüllt werden.

2. **Petroleum,** auch Steinöl genannt, hat etwa folgende mittlere Zusammensetzung:

$C \ldots = 85{,}3\%$
$H_2 \ldots = 14{,}1$ „
$O_2 + N_2 = 0{,}6$ „

Unterer Heizwert etwa 10 500 WE/kg.

3. **Gasöl** war früher der begehrteste Brennstoff für Dieselmaschinen, ist aber jetzt wegen seines hohen Preises zugunsten des Teeröles zurückgetreten. Seine mittlere Zusammensetzung ist

$C \ldots = 85$ bis 87%
$H_2 \ldots = 12$ „ 13 „
$O_2 + N_2 = 0$ „ 1,4 „
$S \ldots = 0{,}2$ „ 0,6 „

Unterer Heizwert 9800 bis 10 200 WE/kg.

4. **Masut** hat für Deutschland keine Bedeutung.

b) **Destillate des Steinkohlenteeres.** Der Teer entsteht bei der Leuchtgasbereitung und der Kokerei als Nebenerzeugnis. Seine Zusammensetzung ist verschieden, je nachdem er einem Horizontal-, Vertikal- oder Kammerofen entstammt. Er wird in 4 Fraktionen destilliert:

Bezeichnung	Spez. Gewicht kg/cdm	Siedegrenze °C
Leichtöl	0,91 bis 0,95	bis 170
Mittelöl	1,01	170 „ 230
Schweröl	1,04	230 „ 270
Anthrazenöl	1,1	270 „ 320

Der Rückstand ist Pech.

Das **Leichtöl** wird durch Destillation in 3 Fraktionen getrennt:

Leichtbenzol	bis	zum	spezifischen	Gewicht	0,89	kg/cdm
Schwerbenzol	„	„	„	„	0,95	„
Karbolöl	„	„	„	„	1,00	„

[1]) Der Verkehr mit Mineralölen ist durch besondere polizeiliche Verordnungen geregelt.

Eine mittlere Zusammensetzung von Benzol (chem. Formel C_6H_6) ist

$C = 91,5\%$
$H_2 = 7,8$ „
$S = 0,5$ „

Unterer Heizwert = 9600 WE/kg

Theoretischer Luftbedarf für 1 kg Benzol . . . . = 13,2 kg
Höchster CO_2-Gehalt der Verbrennungsgase k_{max} = 17,6%
Theoretisches Gasgewicht aus 1 kg Benzol . . . = 14,2 kg
Spez. Gewicht des theoret. Verbrennungsgases . = 1,34 kg/cbm.

Benzol wird als Ersatz für Benzin wie dieses in Verbrennungskraftmaschinen verwendet. Es ist nicht so leichtflüchtig wie Benzin und läßt höhere Verdichtungsspannungen zu.

Die übrigen Fraktionen führen den Sammelnamen **Teeröl**, das der wichtigste Brennstoff für Dieselmaschinen ist; seine chemische Zusammensetzung ist im Mittel:

$C = 90\%$
$H_2 = 7$ „
$S = 0,3$ bis $0,7\%$
H_2O höchstens 1%
Asche „ 0,05%
In Xylol Unlösliches höchstens 0,2%

Unterer Heizwert . . . . = 8800 bis 9200 WE/kg
Spezifisches Gewicht . . . . = 1,0 bis 1,1 kg/cdm
Theoretischer Luftbedarf für 1 kg Teeröl . . . . = 10,0 kg
Höchster CO_2-Gehalt der Verbrennungsgase k_{max} = 17,7%
Theoretisches Gasgewicht aus 1 kg Teeröl . . . = 11,0 kg
Spez. Gewicht des theoret. Verbrennungsgases . . = 1,34 kg/cbm.

Versuche, auch den rohen Teer in Dieselmaschinen zu verbrennen, sind für den leichter flüssigen Vertikalofenteer erfolgreich gewesen, besonders wenn der Teer vor dem Eintritt in die Brennstoffpumpen durch ein Kiesfilter geht.

c) **Destillate des Braunkohlenteeres.** Der Braunkohlenteer ist im Gegensatz zum Steinkohlenteer Haupterzeugnis und wird aus stark bituminöser Braunkohle und Schiefer hergestellt und zu Mineralöl und Paraffin verarbeitet. Die Hauptfraktionen sind Solaröl und Paraffinöl. Die hauptsächlichsten Eigenschaften derselben enthält die

Zahlentafel 8.

Bezeichnung	Spezifisches Gewicht kg/cdm	Siedegrenzen °C	Elementaranalyse %				Unterer Heizwert WE/kg
			C	H_2	O_2+N_2	S	
Solaröl	0,825 bis 0,83	150 bis 270	85,5	12,3	1,4	0,8	9983
Helles Paraffinöl	0,85 „ 0,88	189 „ 300	86,3	11,2	1,7	0,8	9800
Dunkles „	0,88 „ 0,90	200 „ 300	85,7	11,6	0,7	2,0	9800

d) **Spiritus.** Dieser wird aus Kartoffeln und Grünmalz durch Gärung und Destillation hergestellt und enthält stets mehr oder weniger Wasser. Der reine Alkohol $C_2H_5(OH)$ hat folgende Zusammensetzung:

$$C = 52{,}12\%$$
$$H_2 = 13{,}14\ „$$
$$O_2 = 34{,}74\ „$$

Der hohe Sauerstoffgehalt in Verbindung mit dem Wassergehalt erklärt den verhältnismäßig niedrigen Heizwert, der beträgt

für	reinen	Alkohol	6362	WE/kg
„	95 proz.	„	6014	„
„	90 „	„	5665	„
„	85 „	„	5318	„
„	80 „	„	4970	„

Gasförmige Brennstoffe.

Die hauptsächlichsten hier in Betracht kommenden Gase sind:

1. Leuchtgas.
2. Koksofengas.
3. Generatorgas.
4. Hochofen- oder Gichtgas.

1. Das **Leuchtgas** wird in meistens städtischen Gasanstalten durch Destillation von Steinkohle erzeugt und zu Leucht- und Heizzwecken verwendet. Das rohe Leuchtgas enthält noch Beimengungen, die durch besondere Einrichtungen ausgeschieden werden und wertvolle Nebenerzeugnisse liefern, wie Teer, Ammoniak, Schwefelwasserstoff und Naphthalin.

2. Das **Koksofengas** ist ein Nebenerzeugnis der Kokereien der Hüttenwerke und Zechen und hat wegen der Ähnlichkeit seiner Herstellung eine dem Leuchtgas ähnliche Zusammensetzung.

3. Das **Generatorgas** wird in Gaserzeugern durch absichtlich herbeigeführte unvollkommene Verbrennung hergestellt. Der Gaserzeuger ist ein zylindrischer Schachtofen mit Eisenblechmantel und innerer Schamotteausmauerung. Durch die Brennschicht wird mittels eines Ventilators Luft geblasen, der soviel Wasserdampf beigemischt wird, als zum Lockerhalten der Schlacke notwendig ist. Im unteren Teil des Generators, auf dem Rost, wird eine vollkommene Verbrennung eingeleitet, weiter oben wird sie durch entsprechende Bemessung der Schütthöhe unvollkommen gestaltet; nur dadurch ist die Bildung brennbarer Gase möglich. Als Brennstoff dienen

a) Steinkohle;
b) Koks;
c) Braunkohlenbrikett;
d) Rohbraunkohle;
e) Torf.

Die hauptsächlichsten chemischen Vorgänge sind folgende:

I. Auf dem Rost verbrennt der Kohlenstoff zu CO_2 und der Wasserstoff zu Wasserdampf:

$$C + O_2 = CO_2,$$
$$2\,H_2 + O_2 = 2\,H_2O\,.$$

II. In der Zone der unvollkommenen Verbrennung verbindet sich die Kohlensäure mit dem Kohlenstoff zu Kohlenoxyd:

$$CO_2 + C = 2\,CO\,.$$

III. Der Wasserdampf wird in der glühenden Brennschicht zum Teil zersetzt, wobei sich der Sauerstoff mit dem Kohlenstoff zu CO verbindet, während der Wasserstoff frei wird:

$$H_2O + C = CO + H_2\,.$$

Daneben entstehen noch Methan CH_4 und schwere Kohlenwasserstoffe CnHm. Das Generatorgas besteht demnach im wesentlichen aus Kohlenoxyd, Wasserstoff, etwas CO_2, CH_4 und CnHm, sowie dem unverändert gebliebenen Stickstoff der durchgeleiteten Luft als unvermeidlichem Ballast. Der Generatorbetrieb muß so geleitet werden, daß möglichst wenig CO_2 entsteht. Die Aufstellung selbsttätiger CO_2-Apparate (S. Abschnitt IV) auf der Generatorbühne ist daher sehr zu empfehlen.

4. Das **Hochofen-** oder **Gichtgas** entsteht beim Betrieb der Eisen-Hochöfen, die feuerungstechnisch ähnlich wie Gasgeneratoren wirken. Das erzeugte Gas hat demnach auch eine dem Generatorgas ähnliche Zusammensetzung. Es wird verwendet

a) zum Betrieb der Winderhitzer (Cowper) der Hochöfen;
b) „ „ von Gasmaschinen;
c) „ Heizen von Dampfkesseln und Öfen.

Im Fall b) muß es durch Staubsäcke und dann entweder durch Waschapparate (Kühler) mit Zentrifugalreiniger (Naßreinigung) oder durch Baumwollfilter (Trockenreinigung) vom Staub befreit werden, bis 1 cbm Gas nicht mehr als 0,03 gr Staub enthält.

Die Zusammensetzung und die wichtigsten Eigenschaften der gasförmigen Brennstoffe sind in Zahlentafel 9 zusammengestellt.

Zahlentafel 9.

Gasförmige Brennstoffe.

	Chemische Zusammensetzung: brennbar				Chemische Zusammensetzung: nicht brennbar					Verbrennungsgase			
	CO %	H_2 %	CH_4 %	C_nH_m %	CO_2 %	N_2 %	O %	Spez. Gewicht bei 0° u. 760 mm kg/cbm	Unterer Heizwert WE/cbm	Theoret. Luftmenge kg/cbm [2]	Theoret. CO_2-Gehalt k_{max} [2]	Theoret. Verbrennungsgasmenge kg/cbm [2]	Spez. Gewicht kg/cbm [2]
Leuchtgas	4∾11	45∾50	30∾43	3∾6	1∾3	1∾6	0∾1,5	∾0,5	5000	∾7	∾11	∾7,5	∾1,2
Koksofengas	7∾10	49∾55	27∾32	2∾4	1∾3	2∾6	—	∾0,5	4000 bis 5000	∾6	∾11	∾6,5	∾1,2
Generatorgas													
aus: Steinkohle	22	13	2	—	6	57	—	1,13	1176	1,33	17,9	2,46	1,33
,, Koks	23	14	1	—	7	56	—	1,14	1148	1,27	18,9	2,40	1,33
,, Braunkohlenbriketts	29	12	2	—	4	53	—	1,13	1365	1,52	19,1	2,66	1,29
,, niederrhein. Rohbraunkohle[1])	23,3	11,9	1,4	—	9,3	54,0	0,1	1,17	1136	1,27	20,6	2,43	1,35
,, desgl. Briketts[1])	30,0	10,1	2,0	—	3,7	53,9	0,3	1,16	1346	1,48	19,8	2,63	1,35
,, Torf	15,0	10,0	4,0	—	14,0	57,0	—	1,22	1058	1,27	19,8	2,50	1,35
Gichtgas	31,2	2,4	—	—	7,5	58,9	—	1,28	1014	1,04	24,1	2,32	1,36

[1]) Stahl u. Eisen 1920, S. 1068.
[2]) Berechnet.

Heizwertbestimmung.

Kennt man die chemische Zusammensetzung eines Brennstoffes, dann läßt sich hieraus nach Einsetzung der in Zahlentafel 3 (S. 15) angegebenen Heizwerte der einzelnen Bestandteile der Heizwert rechnerisch ermitteln. Dieses Verfahren ist für Überschlagsrechnungen brauchbar, dagegen bestimmt man bei genauen Versuchen den Heizwert besser kalorimetrisch, indem man die bei der Verbrennung einer bestimmten Brennstoffmenge entstehende Wärmemenge mißt und auf 1 kg oder 1 cbm umrechnet.

a) **Rechnerische Heizwertbestimmung.** Für feste und flüssige Brennstoffe gilt die sog. Verbandsformel:

Unterer Heizwert

$$H_u = 8100\,c + 29000\left(h - \frac{q}{8}\right) + 2500\,s - 600\,w \text{ WE/kg} \quad \text{(Gl. 7)}$$

In dieser bedeuten:

c	das	in	1 kg	Brennstoff	enthaltene	C-Gewicht	in	kg
h	,,	,,	1 ,,	,,	,,	H_2- ,,	,,	,,
q	,,	,,	1 ,,	,,	,,	O_2- ,,	,,	,,
s	,,	,,	1 ,,	,,	,,	S- ,,	,,	,,
w	,,	,,	1 ,,	,,	,,	H_2O ,,	,,	,,

ferner die Zahlen 8100, 29000 und 2500 die Heizwerte von 1 kg C bzw. H_2 bzw. S und 600 die Niederschlagswärme von 1 kg Wasserdampf.

Enthält ein Brennstoff Sauerstoff, dann ist ein Teil des Wasserstoffs zur Bindung des Sauerstoffs notwendig und es wird angenommen, daß der Sauerstoff in der Kohle bereits an den Wasserstoff gebunden ist, also die zugehörige Verbrennungswärme nicht frei wird. Nach der Verbrennungsgleichung

$$\begin{aligned} 2\,H_2 + O_2 &= 2\,H_2O \\ 2 \cdot 2\text{ kg} + 32\text{ kg} &= 36\text{ kg}, \\ 1 \text{ ,,} + 8 \text{ ,,} &= 9 \text{ ,,} \end{aligned}$$

erfordert 1 kg O_2 zur Bindung $^1/_8$ kg H_2. Der Unterschied des Gesamtwasserstoffgehaltes h gegenüber dem zur Bindung des Sauerstoffes notwendigen Wasserstoff $\frac{q}{8}$, also der Wert $\left(h - \frac{q}{8}\right)$ wird verfügbarer Wasserstoff genannt. Da bei der Elementaranalyse meistens die Summe $(O_2 + N_2)$ bestimmt wird und die Kohle meistens 1% N_2 enthält, ergibt sich der O_2-Gehalt durch Abzug von 1%.

Beispiel 9. Der untere Heizwert der Ruhrkohle in Zahlentafel 6 (S. 19), 1. Zeile, ist zu berechnen.

$$H_u = 8100 \cdot 0{,}79 + 29\,000 \left(4{,}5 - \frac{7-1}{8}\right) + 2500 \cdot 0{,}01 - 600 \cdot 0{,}025 = \mathbf{7500}\ \text{WE/kg}.$$

Für gasförmige Brennstoffe ergibt sich ohne Berücksichtigung des Wasserdampfgehaltes des Frischgases in ähnlicher Weise folgende Formel:

$$H_u = 2580\,h_1 + 3050\,p_1 + 8530\,v_1 + 14\,050\,r_1 + 13\,500\,s_1$$

WE/cbm bei 0° und 760 mm . . . . (Gl. 8)

In dieser bedeuten:

h_1	das in 1 cbm Gas enthaltene	H_2-Volumen in cbm
p_1	„ „ 1 „ „ „	CO- „ „ „
v_1	„ „ 1 „ „ „	CH_4- „ „ „
r_1	„ „ 1 „ „ „	C_2H_4- „ „ „
s_1	„ „ 1 „ „ „	C_2H_2- „ „ „

ferner die beigesetzten Zahlen die aus Zahlentafel 3 (S. 15) entnommenen zugehörigen unteren Heizwerte der einzelnen Bestandteile.

Beispiel 10. Der untere Heizwert des aus Steinkohle erzeugten Generatorgases mit der in Zahlentafel 9 (S. 25) angegebenen Zusammensetzung ist zu berechnen.

$$H_u = 2580 \cdot 0{,}13 + 3050 \cdot 0{,}22 + 8530 \cdot 0{,}02 = \mathbf{1176}\ \text{WE/cbm bei } 0° \text{ und } 760\,\text{mm}.$$

b) **Kalorimetrische Heizwertbestimmung**[1]).

1. Feste Brennstoffe. Zur Verbrennung gelangt eine genau abgewogene Menge (etwa 1 g) in fein gepulvertem Zustand. Die Verbrennung erfolgt in reinem Sauerstoff von etwa 25 atm Druck in einer sog. Bombe, die sich in einem gegen Wärmeverluste gut geschützten, mit Wasser gefüllten und mit einem Rührwerk versehenen Kalorimeter befindet. Aus der bekannten Wassermenge und der gemessenen Temperaturerhöhung des Wassers wird die von der abgewogenen Brennstoffmenge erzeugte Wärmemenge ermittelt und auf 1 kg Kohle umgerechnet. Abb. 3 zeigt einen Längsschnitt durch die Berthelotsche Bombe (Stahl mit Emailleeinsatz)[2]): *a* ist der Halter zur Befestigung des zur Auf-

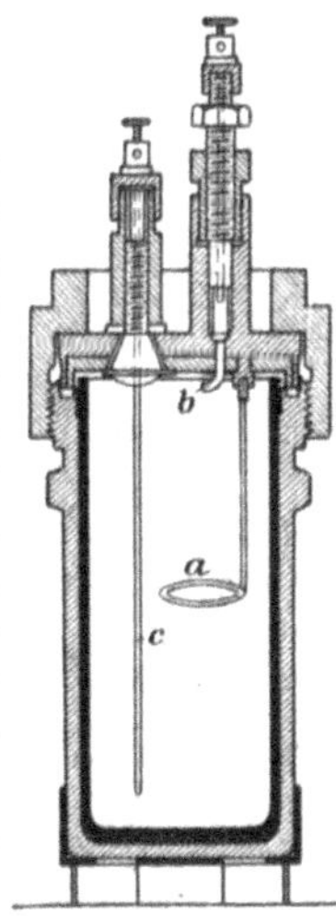

Abb. 3.

[1]) Siehe auch des Verfassers Anleitung zur Durchführung von Versuchen an Dampfmaschinen usw. Springer, Berlin 1921, 6. Aufl.

[2]) In neuerer Zeit werden diese Bomben aus sog. „rostfreiem Stahl" ohne Emaillierung hergestellt.

nahme der Kohle dienenden Platinschälchens, *b* ist das Zuleitungsrohr für den verdichteten Sauerstoff, *c* ist ein gegen die Bombe isoliertes Platinrohr zur Zuleitung des elektrischen Stromes für die Einleitung der Zündung.

Die Richtigkeit des Ergebnisses hängt wesentlich von der Genauigkeit der Probenahme ab; denn die etwa 1 g wiegende, zur Verbrennung gelangende Kohlenmenge soll wirklich den Durchschnitt der beim Versuch verheizten Kohle darstellen. Über die Probenahme am Versuchsort bestimmen die „Normen" folgendes: „Von jeder Ladung (Karre, Korb u. dgl.) des zugeführten Brennstoffes wird eine Schaufel voll in ein mit einem Deckel versehenes Gefäß geworfen. Sofort nach Beendigung des Versuches wird der Inhalt des Gefäßes zerkleinert, gemischt, quadratisch ausgebreitet und durch die beiden Diagonalen in 4 Teile geteilt. Zwei gegenüberliegende Teile werden weggenommen, die beiden andern wieder zerkleinert, gemischt und geteilt. In dieser Weise wird fortgefahren, bis eine Probemenge von etwa 10 kg übrigbleibt, welche in gut verschlossenen Gefäßen zur Untersuchung gebracht wird."

Die eingesandte Probe wird zunächst auf einem Blech ausgebreitet, sofort gewogen und einige Tage im Zimmer stehengelassen. Der festzustellende Gewichtsverlust, den sie dabei erleidet, ist die grobe Feuchtigkeit. Bei Kohlensorten, die wenig Wasser enthalten, kann diese Bestimmung wegfallen. Hierauf wird die Kohle unter Luftabschluß in einer Kugelmühle fein gemahlen und durch fortgesetzte Anwendung des obigen Teilverfahrens die zu verbrennende Probe genommen, die man nach genauer Wägung in einen kleinen Platintiegel bringt. Letzteren stellt man auf den Halter *a*, in die Kohle bringt man ein ebenfalls genau gewogenes Stückchen Zündschnur, das um einen die Drähte *a* und *c* verbindenden feinen Platindraht geschlungen wird. An die Klemmschrauben des Deckels der Bombe schließt man die Pole eines aus zwei Elementen bestehenden Akkumulators an. Nach dem Aufschrauben des Deckels füllt man die Bombe mit verdichtetem Sauerstoff von etwa 25 at. Dann setzt man die Bombe in das Kalorimeter, das man vorher mit einer genau gewogenen Wassermenge gefüllt hat. Die Wassertemperatur stimmt man so ab, daß sie um etwa ebensoviel unterhalb der Zimmertemperatur liegt, wie sie nach der Verbrennung voraussichtlich über dieselbe kommt. Nun wird das Rührwerk in Tätigkeit gesetzt und man beobachtet das Wasserthermometer mittels einer Lupe (Teilung in $^1/_{100}{}^\circ$, Tausendel sind zu schätzen) alle Minuten, bis die infolge des Wärmeüberganges von außen eintretende Temperatursteigerung konstant geworden ist (Vorversuch). Hierauf schließt man den Strom, der Platindraht glüht, entzündet die Zündschnur und die Kohle verbrennt. Während dieser Zeit beobachtet man das Thermometer in Zwischenräumen von je einer halben Minute so lange, bis keine Temperaturzunahme mehr eintritt (Hauptversuch). Nun beobachtet man das jetzt fallende Thermometer so lange, bis die Temperaturabnahme konstant geworden ist (Nachversuch).

Während der Verbrennung erwärmt sich jedoch nicht nur das Kalorimeterwasser, sondern auch die Metallteile des Kalorimeters. Man muß deshalb für jedes Kalorimeter feststellen, wie groß die Wassermenge ist, deren Temperaturerhöhung bei Zuführung einer bestimmten Wärmemenge ebenso groß ist, wie die Temperaturerhöhung der Metallteile. Diese Wassermenge nennt man den Wasserwert des Kalorimeters, der durch Verbrennung einer gewogenen Menge einer Substanz, deren Heizwert genau bekannt ist, z. B. chemisch reinen Zuckers, ermittelt wird.

Die kalorimetrische Heizwertbestimmung fester Brennstoffe ist keine Arbeit für den Durchschnitts-Ingenieur, sondern wird zweckmäßig einem dazu besonders eingerichteten chemischen Laboratorium überlassen.

Beispiel 11. Kohlengewicht 1,0189 g, Gewicht der Zündschnur 0,0097 g (der Heizwert der Zündschnur beträgt 39 WE für 0,01 kg), Wassergewicht 2606 g, Wasserwert des Kalorimeters 694 g oder zusammen 2606 + 694 = 3300 = 3,300 g.

Die Temperaturbeobachtungen lieferten folgende Werte:

Vorversuch		Hauptversuch		Nachversuch	
°C	Differenz	°C	Differenz	°C	Differenz
22,538		22,543		24,487	
22,540	0,002	23,000	0,457	24,482	0,005
22,542	0,002	24,370	1,370	24,478	0,004
		24,479	0,109	24,474	0,004
		24,487	0,008		
		24,489	0,002		

Die Temperaturerhöhung beim Hauptversuch betrug demnach 24,489 — 22,543 = 1,946°. Bei sehr genauen Versuchen sind hier noch einige Verbesserungen anzubringen, die vom Kaliberfehler und dem Gradfehler des Thermometers und von dem Wärmeaustausch des Kalorimeters mit seiner Umgebung herrühren.

Bei Vernachlässigung dieser Verbesserungen ergibt sich die vom Kalorimeter aufgenommene Wärmemenge zu 1,946 · 3,300 = 6,422 WE. Hiervon wird die von der Zündschnur erzeugte Wärmemenge $\frac{39 \cdot 0,97}{1000}$ = 0,038 WE abgezogen, dann beträgt die von der Kohle abgegebene

Wärmemenge 6,422 — 0,038 = 6,384 WE für 1,0189 g. Also besitzt 1 g lufttrockene Kohle einen oberen Heizwert von $\frac{6,384}{1,0189}$ = 6,266 WE oder 1 kg einen oberen Heizwert von 6266 WE.

Zur Berechnung des unteren Heizwertes ist die entstehende Wasserdampfmenge wie folgt zu ermitteln: Man treibt den gasförmigen Inhalt der Bombe mittels eines Aspirators durch ein genau gewogenes Chlorkalziumrohr, wobei die Bombe im Ölbad erwärmt wird. Die Gewichtszunahme des Chlorkalziumrohres entspricht der aus der verbrannten Kohlenmenge entstandenen Wassermenge.

In unserem Beispiel lieferte 1 g Kohle 0,5384 g Wasser, es sind also $\frac{600 \cdot 0,5834}{1000}$ = 350 WE/kg abzuziehen und der untere Heizwert der lufttrockenen Kohle beträgt 6266 — 350 = 5916 WE/kg.

Die grobe Feuchtigkeit, d. h. der Gewichtsverlust der ursprünglichen Kohle bei mehrtägigem Liegen an der Luft, wurde zu 6,85% festgestellt; um den Heizwert der ursprünglichen Kohle zu erhalten, ist der Heizwert der lufttrockenen Kohle mit $\frac{100-6,85}{100}$ zu multiplizieren und davon die zur Verdampfung von 6,85% Wasser erforderliche Wärmemenge 600 · 0,0685 = 41 WE abzuziehen. Man erhält:

Heizwert der ursprünglichen Kohle

$$= 5916 \cdot \frac{100 - 6,85}{100} - 41 = \mathbf{5470} \text{ WE/kg}.$$

2. Flüssige Brennstoffe, die sich nicht in einem Brenner vergasen und dann verbrennen lassen, werden auf dieselbe Weise wie feste auf ihren Heizwert untersucht. Der zu verbrennenden Probe wird Asbest oder Zellulose beigegeben, um ein Verspritzen der Flüssigkeit zu verhindern. Leichter verdampfbare Öle und andere flüssige Brennstoffe untersucht man zweckmäßig mit dem in Abb. 4 schematisch dargestellten Junkersschen Kalorimeter. Die Einrichtung besteht aus der Brennstoffwage mit Zeiger *a* und Skala *b*, dem Brennstoffbehälter *c* mit Manometer und dem Brenner *e*, dem eigentlichen Kalorimeter (die senkrechten Rohre innerhalb des Kalorimeters sind in der Abbildung weggelassen), dem das Kühlwasser bei t_1 zu- und bei t_2 abläuft, den beiden zugehörigen, mit Lupen ablesbaren Thermometern (in $^1/_{10}$ Grade geteilt, $^1/_{100}$ werden geschätzt), dem Meßzylinder für das aus dem Wasserdampf der Verbrennungsgase niedergeschlagene Wasser, der Kühlwasserwage und einem daraufstehenden Auffangbehälter *g*. Die Handhabung der Einrichtung und

die Durchführung einer Messung ist folgende: Man schraubt den Brennstoffbehälter *c* auf, nimmt das Manometer ab und gießt etwa 150 bis 200 ccm des zu untersuchenden Brennstoffes in den Behälter. Dann setzt man das Manometer wieder an und verschraubt den Behälter unter Zwischenlage von Dichtungen. Hierauf stülpt man das Kalorimeter so über den Brenner, daß der letztere genau in der Mittelachse des Kalorimeters hängt, und bringt die Wage durch Gewichte auf der linken Seite ins Gleichgewicht; nun muß der Brenner, ohne anzustoßen, mit der Wage auf- und abschwingen. Jetzt wird der Brenner von der Wage abgehängt, das unter dem Brennerkopf befindliche Schälchen

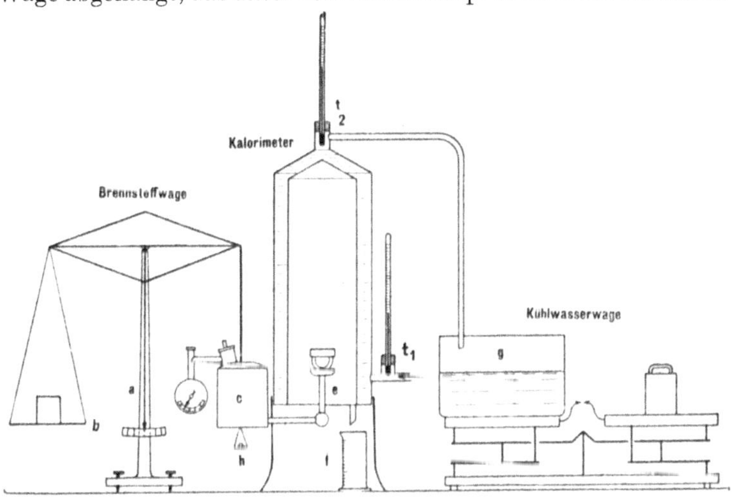

Abb. 4.

mit Spiritus (n i c h t Benzin) gefüllt und entzündet. Wenn der Spiritus fast verbrannt und dadurch der Brennerkopf stark erhitzt ist, drückt man mit einer kleinen Fahrradpumpe durch den Verschluß des Brennstoffbehälters Luft ein, wodurch der Brennstoff in den Brenner aufsteigt, im Brennerkopf vergast wird und durch eine sehr feine Öffnung gegen den heißen Brennerkopf ausströmt. Das ausströmende Gas entzündet sich an der Spiritusflamme und erhält den Brennerkopf glühend, auch wenn der Spiritus ausgebrannt ist. Wenn kein Gas ausströmt, dann ist die Düse verstopft und muß mit der jedem Apparat b e i g e g e b e n e n Reinigungsnadel durchstoßen werden.

Der am Manometer zu messende Luftdruck soll etwa 150 bis 200 mm QS betragen; sinkt der Druck während des Versuches dann muß nachgepumpt werden. Nun wird das Kalorimeter mit der Wasserleitung verbunden und erst, wenn das Wasser bei t_2 abzulaufen beginnt, darf der Brenner wieder unter das Kalorimeter gebracht und an die Wage gehängt werden. Nun begrenzt man mit dem bei t_1 befindlichen Hahn die durchlaufende Wassermenge so, daß der Temperaturunterschied $t_2 - t_1$ etwa 20 °C beträgt. Wenn der Beharrungszustand eingetreten ist, kann der Versuch beginnen. Man richtet durch Auflegen eines kleinen Gewichtes auf die unter dem Brennstoffbehälter einzuhängende Schale *h* oder durch Abnehmen von Gewichten von der linken Wagschale die Wage so ein, daß der Brennstoffbehälter mit einigen Grammen das Übergewicht erhält. Unterdessen tariert man den Kühlwasserbehälter auf seiner Wage aus und läßt das bei *f* abtropfende Kondenswasser in ein nicht zum eigentlichen Versuch zu benutzendes Gefäß fließen.

Der Versuch beginnt, sobald der Zeiger der Brennstoffwage, die durch das allmähliche Aufzehren von Brennstoff wieder ins Gleichgewicht kommt, durch den Nullpunkt der Skala geht. Genau von diesem Augenblick an fängt man das Kühlwasser durch Hereinschwenken eines bei t_2 angeschlossenen Schlauches auf, schiebt den Meßzylinder *f* unter und beginnt mit den Temperaturablesungen bei t_1 und t_2, die regelmäßig alle Minuten wiederholt werden. Nun gibt man dem Brennstoffbehälter durch Auflegen von B = 10, 15 oder 20 g das Übergewicht.

Der Versuch ist beendigt, wenn die diesem Übergewicht entsprechende Brennstoffmenge verbrannt ist und der Zeiger der Brennstoffwage wieder durch den Nullpunkt der Skala geht. In diesem Augenblick entfernt man den Schlauch aus dem Kühlwassergefäß, sowie den Meßzylinder *f*; dann wird die Kühlwassermenge W kg und die Kondenswassermenge w ccm festgestellt.

Der obere Heizwert ist die von 1 kg Brennstoff an das Kühlwasser abgegebene Wärmemenge

$$H_o = \frac{W(t_2 - t_1)}{B} \cdot 1000 \text{ WE}.$$

Den unteren Heizwert erhält man durch Abzug von je 600 WE für 1 kg Kondenswasser, also

$$H_u = H_o - \frac{600 \cdot w}{B} \text{ WE}.$$

Beispiel 12: Paraffinöl.

Brennstoff B kg	Kühlwasser W kg	Kondenswasser w ccm	Kühlwassertemperatur t_1	t_2
			16,25	40,20
			16,10	40,82
			15,95	41,85
			15,80	41,70
			15,70	41,20
			15,60	41,93
			15,49	41,78
			15,40	41,50
10,0	4,177	11,0	15,80	41,37

Oberer Heizwert $H_o = \frac{4{,}177(41{,}37 - 15{,}80)}{10{,}0} \cdot 1000 = \mathbf{10\,680}$ WE/kg.

Unterer Heizwert $H_u = 10\,680 - \frac{600 \cdot 11{,}0}{10{,}0} = \mathbf{10\,020}$ WE/kg.

Der Brenner wird durch Öffnen der über dem Manometer befindlichen Verschlußschraube abgestellt. Nach dem Gebrauch ist der Brennstoffbehälter gut mit Benzin zu reinigen. Vor einer neuen Untersuchung ist er mit einigen ccm des zu untersuchenden Brennstoffes auszuspülen.

3. Gasförmige Brennstoffe werden ebenfalls mit dem Junkersschen Kalorimeter untersucht. Als Brenner dient eine einfache, nicht leuchtende Bunsenflamme. Die während des Versuches verbrannte Gasmenge wird mittels eines Gasmessers ermittelt. Die Kühlwassermenge kann ebenfalls gewogen werden; in vielen Fällen genügt das Auffangen in einem bis 2 l geteilten Meßgefäß. Da die Heizwerte auf 0° und 760 mm zu beziehen sind, ist sowohl Temperatur und Druck des Gases vor Eintritt in den Brenner zu messen. Ist der untere Heizwert bei t_g °C = $(273 + t_g\,°)$ abs. zu H_u, der Gasüberdruck zu p mm WS oder $p' = \frac{p}{13{,}6}$ mm QS und der Barometerstand zu B mm QS festgestellt, dann beträgt der auf 0° und 760 mm bezogene untere Heizwert

$$H_{u_o} = H_u \frac{273}{273 + t_g} \cdot \frac{B + p'}{760} \text{ WE/cbm} \quad . \quad . \text{ (Gl. 9)}$$

Beispiel 13. Gichtgas; Mittelwerte aus einer Anzahl von Beobachtungen:

Gas G l	t_g °C	P mm WS	Kühlwasser W kg	t_1 °C	t_2 °C	Kondens-wasser w ccm	Barometer-stand B mm QS
38,6	20	100	2,0	15,2	36,5	9,7	758

Gasüberdruck: $p' = \frac{100}{13,6} = 7$ mm QS.

Oberer Heizwert bei Versuchsumständen:

$$H_o = \frac{2,0\,(36,5 - 15,2)}{38,6} \cdot 1000 = 1130 \text{ WE}.$$

Unterer Heizwert bei Versuchsumständen:

$$H_u = 1130 - \frac{600 \cdot 9,7}{38,6} = 979 \text{ WE}.$$

Unterer Heizwert bezogen auf 0° und 760 mm:

$$H_{uo} = 979 \frac{273}{273 + 20} \cdot \frac{758 + 7}{760} = \mathbf{917} \text{ WE/cbm}.$$

III. Theorie des Verbrennungsvorganges.

Im ersten Abschnitt wurde auseinandergesetzt, daß gasförmige und flüssige Brennstoffe, mit Luft gemischt, ohne weiteres verbrennen, dagegen feste Brennstoffe auf dem Rost erst entgast und vergast werden müssen, worauf die entstandenen Gase, mit Luft gemischt, verbrennen.

Zur Ermittlung der erforderlichen **Luftmenge** und der erzeugten **Verbrennungsgasmenge** sei folgende Überlegung angestellt:

a) **Angenäherte Berechnung** für die Vorausberechnung von Feuerungen, Luft- und Gaskanälen. Die theoretische Luftmenge für feste und flüssige Brennstoffe ergibt sich aus den chemischen Reaktionsgleichungen für die brennbaren Bestandteile:

a) $C + O_2 = CO_2$; mit den Atomgewichten $C = 12$ und $O = 16$ ergibt sich:

12 kg	C	erfordern	theoretisch	$2 \cdot 16 = 32$	kg O_2
oder 1 ,,	,,	erfordert	,,	$\frac{32}{12} = 2,67$	,, ,,
,, *c* ,,	,,	erfordern	,,	$2,67\,c$	,, ,,

b) $2\,H_2 + O_2 = 2\,H_2O$; mit den Atomgewichten $H = 1$ und $O = 16$ ergibt sich:

2 kg	H	erfordern	theoretisch	16	kg O_2
oder 1 ,,	,,	erfordert	,,	$\frac{16}{2} = 8$	,, ,,
,, *h* ,,	,,	erfordern	,,	$= 8$	,, ,, .

c) Der Schwefel sei als unerheblich vernachlässigt.

d) Der im Brennstoff selbst enthaltene Sauerstoff (q kg) kommt in Abzug.

Demnach beträgt das theoretische Sauerstoffgewicht für 1 kg Brennstoff

$$O_{\min} = (2{,}67\,c + 8\,h - q)\ \text{kg} \quad . \quad . \quad . \quad . \quad \text{(Gl. 10)}$$

Da 1 kg Luft 0,23 kg O_2 enthält, ist die theoretische Luftmenge für 1 kg Brennstoff

$$L_{\text{kg}} = \frac{2{,}67\,c + 8\,h - q}{0{,}23}\ \text{kg} \quad . \quad . \quad . \quad . \quad . \quad \text{(Gl. 11)}$$

In Wirklichkeit ist es jedoch nicht möglich, mit dieser theoretischen Luftmenge auszukommen, weil in der Feuerung stets ein Teil des zugeführten Sauerstoffes unausgenutzt durch die Brennschicht zieht. Deshalb muß immer Luft im Überschuß zugeführt werden und es berechnet sich die wirkliche Luftmenge für 1 kg Brennstoff zu

$$m \cdot L_{\text{kg}} = m \cdot \frac{2{,}67\,c + 8\,h - q}{0{,}23} \quad . \quad . \quad . \quad . \quad \text{(Gl. 12)}$$

worin m die Luftüberschußzahl bedeutet, also

$$m = \frac{\text{wirkliche Luftmenge}}{\text{theoretische Luftmenge}}.$$

Bei Berechnung von Neuanlagen kann m angenommen werden:

für feste Brennstoffe	. . . .	$m = 1{,}5$ bis 2,0
„ flüssige „	. . . .	$m = 1{,}1$ „ 1,2
„ gasförmige „	. . . .	$m = 1{,}0$ „ 1,1.

Auf Grund der CO_2-Bestimmung der Abgase ergibt sich m wie folgt: Würde man reinen Kohlenstoff mit der theoretischen Luftmenge vollkommen verbrennen, so würden die Verbrennungsgase an Stelle des Sauerstoffs der Luft (21 Volumprozent) Kohlensäure enthalten und demnach aus 21% CO_2 und 79% N_2 bestehen. Weil jedoch bei den üblichen Brennstoffen ein Teil des Sauerstoffs zur Verbrennung des Wasserstoffs erforderlich ist, entstehen bei der Verbrennung fester Brennstoffe theoretisch nur etwa 19% CO_2[1]). Führt man Luft im Überschuß zu, so wird nur ein Teil des Sauerstoffs durch Kohlensäure ersetzt, während der übrige Teil des Sauerstoffs als solcher in den Abgasen wieder erscheint, so daß stets

$$CO_2 + O_2 \text{ etwa} = 19\% \quad . \quad . \quad . \quad . \quad . \quad . \quad \text{(Gl. 13)}$$

---

[1]) Berechnung der genauen Werte siehe unter „Abgasschaubilder“; s. a. Zahlentafel 6 (S. 19).

ist. Beträgt z. B. der CO_2-Gehalt der Abgase $k = 9{,}5\%$, so enthalten die Abgase $19 - 9{,}5 = 9{,}5\%$ O_2; d. h. die Hälfte des für die Verbrennung des Kohlenstoffs verfügbaren Sauerstoffs wurde zur CO_2-Bildung verwendet, während die zweite Hälfte unausgenutzt blieb oder mit andern Worten, es wurde etwa das Doppelte der theoretischen Luftmenge zugeführt, also $m = 2$. Allgemein ist demnach für feste Brennstoffe

$$\text{Luftüberschußzahl } m \text{ etwa} = \frac{19}{k}.$$

Das Abgasgewicht G ist, wenn man die Asche als unerheblich vernachlässigt, gleich der wirklichen Luftmenge vermehrt um die Kohlenmenge, also für 1 kg Kohle

$$G = m \cdot \frac{2{,}67\,c + 8\,h - q}{0{,}23} + 1\text{ kg} \quad . \; . \; . \quad \text{(Gl. 14)}$$

Zur Umrechnung von G auf cbm kann man das spezifische Gewicht von G zu etwa **1,3 kg/cbm** bei 0° und **760** mm annehmen.

Beispiel 14. Auf dem Rost eines Dampfkessels werden stündlich 500 kg Kohle mit $c = 0{,}75$, $h = 0{,}06$ und $q = 0{,}08$ kg verheizt. Wie groß sind sekundliche Luft- und Abgasmenge bei einem $m = 1{,}5$fachen Luftüberschuß?

Die sekundliche Kohlenmenge beträgt $\frac{500}{3600} = 0{,}139$ kg.

Nach Gl. (12) berechnet sich die für 1 kg Kohle erforderliche wirkliche Luftmenge zu

$$m \cdot L_{kg} = 1{,}5 \cdot \frac{2{,}67 \cdot 0{,}75 + 9 \cdot 0{,}06 - 0{,}08}{0{,}23} = 16{,}0 \text{ kg};$$

also sekundliche Luftmenge $= 16{,}0 \cdot 0{,}139 = \mathbf{2{,}22}$ kg

oder $= \frac{2{,}22}{1{,}29} \simeq \mathbf{1{,}7}$ cbm bei 0° und 760 mm.

Nach Gl. (14) beträgt die von 1 kg Kohle erzeugte Abgasmenge:

$$G = m \cdot L_{kg} + 1 = 16{,}0 + 1 = 17{,}0 \text{ kg};$$

also sekundl. Abgasmenge $= 17{,}0 \cdot 0{,}139 = \mathbf{2{,}36}$ kg

oder $= \frac{2{,}36}{1{,}3} = \mathbf{1{,}8}$ cbm bei 0° und 760 mm.

Will man nicht nur die Abgasmenge, sondern auch den Wärmeinhalt der Abgase berechnen, so genügt wegen der Verschiedenheit der spezifischen Wärmen der einzelnen Bestandteile diese einfache Rechnung nicht und man kann die trockene Abgasmenge und die Wasserdampfmenge getrennt, auf Grund des CO_2-Gehaltes der Abgase, wie folgt nach den chemischen Reaktionsgleichungen berechnen:

a) $C + O_2 = CO_2$; mit den Atomgewichten $C = 12$ und $O = 16$ ergibt sich

$$12 \text{ kg C erzeugen } 12 + 2 \cdot 16 = 44 \text{ kg } CO_2,$$

$$C\% \quad ,, \quad ,, \quad \frac{44}{12} \cdot \frac{C}{100} = 3{,}667 \frac{C}{100} \text{ kg } CO_2.$$

C% Kohlenstoff entsprechen 1 kg Kohle. Das von 1 kg Kohle erzeugte CO_2-Volumen beträgt demnach

$$\frac{3{,}667}{1{,}965} \cdot \frac{C}{100} = \frac{1}{0{,}536} \cdot \frac{C}{100} \text{ cbm}.$$

Beträgt das trockene Abgasvolumen von 1 kg Kohle G_t cbm, und ist der CO_2-Gehalt desselben zu k% festgestellt, dann beträgt das oben berechnete CO_2-Volumen k% von G_t; also

$$\frac{1}{0{,}536} \cdot \frac{C}{100} = \frac{k}{100} \cdot G_t;$$

hieraus trockenes Abgasvolumen von 1 kg Kohle

$$\boldsymbol{G_t = \frac{1}{0{,}536} \cdot \frac{C}{k} \text{ cbm}} \quad \ldots\ldots \quad \text{(Gl. 15)}$$

b) $2\,H_2 + O_2 = 2\,H_2O$; mit den Atomgewichten $H = 1$ und $O = 16$ ergibt sich

$$4 \text{ kg } H_2 \text{ erzeugen } 2(2 + 16) = 36 \text{ kg } H_2O$$

$$\text{oder} \quad H\% \quad ,, \quad ,, \quad \frac{36}{4} \cdot \frac{H}{100} = \frac{9\,H}{100} \quad ,, \quad ,, .$$

Dazu kommt noch das hygroskopische Wasser der Kohle W%, das ebenfalls als überhitzter Wasserdampf in den Abgasen erscheint; also gesamter Wasserdampf von 1 kg Kohle

$$\boldsymbol{H_2O = \frac{9\,H + W}{100} \text{ kg}} \quad \ldots\ldots \quad \text{(Gl. 16)}$$

Beispiel 15. Für die Kohle des Beispiels 14 (S. 36) ist die trockene Abgasmenge und der Wasserdampf für 1 kg Kohle zu berechnen, wenn der Wassergehalt der Kohle $W = 8$% und der CO_2-Gehalt der Abgase $k = 12{,}7$% beträgt; also $m = \frac{19{,}0}{12{,}7} = 1{,}5$ (wie Beispiel 14).

Nach Gl. (15) ist

$$G_t = \frac{1}{0{,}536} \cdot \frac{75}{12{,}7} = 11{,}0 \text{ cbm},$$

$$G_{\text{kg}} = 11{,}0 \cdot 1{,}3 = 14{,}3 \text{ kg}.$$

Nach Gl. (16) ist

$$H_2O = \frac{9 \cdot 6 + 8}{100} = 0{,}6 \text{ kg}.$$

Das Gesamtgewicht der von 1 kg Kohle erzeugten Verbrennungsgase ergibt sich demnach zu

$$G_{kg} + H_2O = 14{,}3 + 0{,}6 = 14{,}9\,\text{kg}\,,$$

während die Überschlagsrechnung des Beispiels 14 eine Verbrennungsgasmenge von 17,0 kg geliefert hatte.

b) Genaue Berechnung mit Hilfe von Abgasschaubildern[1]).

Wenn von den vier für die Abgasanalyse in Betracht kommenden Größen

1. Kohlensäuregehalt (CO_2),
2. Sauerstoffgehalt (O_2),
3. Kohlenoxydgehalt (CO),
4. Luftfaktor η = Verhältnis der theoretischen Luftmenge zur wirklichen[2])

nur zwei, z. B. CO_2 und O_2, festgestellt sind und die chemische Zusammensetzung des Brennstoffes bekannt ist, dann sind die beiden anderen Größen eindeutig bestimmt. Trägt man nach Abb. 5 in einem rechtwinkligen Koordinatensystem O_2 als Abszisse und CO_2 als Ordinate auf, dann läßt sich nach dem Vorgang von Wa. Ostwald ein schiefes Koordinatensystem mit CO und η darüberlegen, aus dem die letztgenannten Größen für je 2 zusammengehörige Werte von CO_2 und O_2 abgelesen werden können.

Im folgenden werden die Grundlagen dieses Verfahrens für feste, flüssige und gasförmige Brennstoffe in Form von Gleichungen entwickelt, die gestatten, für jede Brennstoffzusammensetzung

1. diese Schaubilder aufzuzeichnen,
2. die wirkliche Luftmenge und
3. „ „ Abgasmenge zu berechnen,
4. bei etwa unvollständiger Verbrennung den CO-Gehalt der Abgase abzulesen.

1. Feste und flüssige Brennstoffe.

1 kg Brennstoff enthalte

c_1 kg Kohlenstoff,
h_1' „ Wasserstoff,
q_1 „ Sauerstoff;

also

$$h_1 = \left(h_1' - \frac{q_1}{8}\right) \text{ verfügbaren Wasserstoff.}$$

---

[1]) Siehe auch des Verfassers Aufsatz in der Zeitschr. d. Ver. deutsch. Ing. 1920, S. 505.

[2]) Also reziproker Wert der durch Gl. (12) bestimmten Luftüberschußzahl m.

Der Gehalt an Schwefel und Stickstoff sei als unerheblich vernachlässigt. Mit Hilfe des Molbegriffes (S. 7) berechnet sich das Volumen von 1 kg gasförmig zu denkenden Kohlenstoffs zu $\frac{22,4}{2 \cdot 12} = 0,933$ cbm/kg; für Wasserstoff ist $\frac{22,4}{2 \cdot 1,008} = 11,1$ cbm/kg.

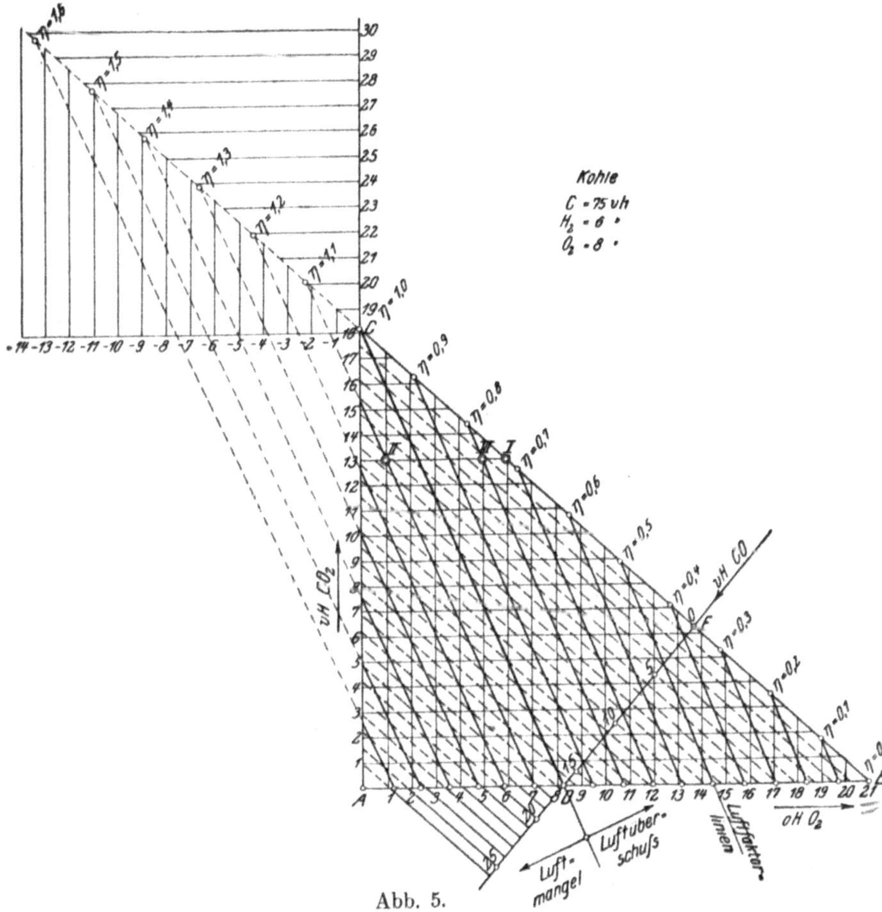

Abb. 5.

α) Für die vollständige Verbrennung, also wenn der verfügbare Wasserstoff vollständig und der gesamte Kohlenstoff ohne CO-Bildung zu CO_2 verbrennt, ergeben sich aus den folgenden Reaktionsgleichungen der theoretische O_2-Bedarf und die erzeugte CO_2- und H_2O-Menge:

1. $C_2 + 2\,O_2 = 2\,CO_2$; d. h.

1 cbm C_2 erfordert	2 cbm O_2	und erzeugt		2 cbm CO_2
1 kg C_2 „	$2 \cdot 0{,}933 = 1{,}866$ „ O_2	„	„ $2 \cdot 0{,}933 =$	1,866 „ CO_2
c_1 „ C_2 erfordern	$1{,}866\,c_1$ „ O_2	„ erzeugen		$1{,}866\,c_1$ „ CO_2

2. $2\,H_2 + O_2 = 2\,H_2O$; d. h.

1 cbm H_2 erfordert	0,5 cbm O_2	und erzeugt	1 cbm H_2O[1])
1 kg H_2 „	$0{,}5 \cdot 11{,}1 = 5{,}55$ „ O_2	„ „	11,1 „ H_2O
h_1 „ H_2 erfordern	$5{,}55\,h_1$ „ O_2	„ erzeugen	$11{,}1\,h_1$ „ H_2O.

Hieraus:

Theoretische O_2-Menge für 1 kg Brennstoff $O_{min} = 1{,}866\,c_1 + 5{,}55\,h_1$

Wirkliche O_2- „ „ 1 „ „ $O_w = \frac{1}{\eta} O_{min}$,

wenn der Luftfaktor η die oben angegebene Bedeutung hat. Jeder Raumteil Sauerstoff bringt $\frac{79}{21}$ Raumteile Stickstoff mit; also setzt sich die trockene Abgasmenge von 1 kg Brennstoff wie folgt zusammen:

$$
\begin{array}{r|l}
CO_2 & = 1{,}866\,c_1 \text{ cbm} = k\,\% \text{ des trockenen Abgasvolumens} \\
+ N_2 & = \frac{79}{21} \cdot \frac{1}{\eta} O_{min} \text{ cbm} \\
+ \text{ freier } O_2 & = \frac{1}{\eta} O_{min} - O_{min} \text{ cbm} = q\,\% \text{ des trockenen Abgasvol.}
\end{array}
$$

Dazu kommt noch

$H_2O_I = 11{,}1\,h_1'$ cbm durch Verbrennung des Wasserstoffs und

$H_2O_{II} = \frac{w_1}{0{,}806}$ cbm aus dem Wassergehalt des Brennstoffes,

wenn w_1 den letzteren in kg und 0,806 das spezifische Gewicht des Wasserdampfes bei 0° und 760 mm bedeutet. Die Prozentsätze k und q sind auf das trockene Abgasvolumen zu beziehen, weil bei der Gasanalyse stets der im absorbierten CO_2- und O_2-Volumen enthaltene Wasserdampf verschwindet, d. h. vom Sperrwasser aufgenommen wird[2]).

Das Volumen der trockenen Verbrennungsgase beträgt also für 1 kg Brennstoff

$$
\begin{aligned}
G_t &= 1{,}866\,c_1 + \frac{79}{21} \cdot \frac{1}{\eta} O_{min} + \frac{1}{\eta} O_{min} - O_{min} \\
&= 1{,}866\,c_1 + O_{min}\left(\frac{4{,}76}{\eta} - 1\right) \text{cbm bei } 0^\circ \text{ und } 760 \text{ mm} \qquad \text{(Gl. 17)}
\end{aligned}
$$

---

[1]) In dampfförmigem Zustand bei 0° und 760 mm.

[2]) Siehe Abschnitt „Untersuchung von Verbrennungsgasen“.

Das Gesamtvolumen der Verbrennungsgase von 1 kg Brennstoff ist

$$G_g = 1{,}866\,c_1 + O_{\min}\left(\frac{4{,}76}{\eta} - 1\right) + 11{,}1\,h_1' + \frac{w}{0{,}806}\ \text{cbm} \qquad \text{(Gl. 18)}$$

Zur Berechnung des Gewichtes der von 1 kg Brennstoff erzeugten Verbrennungsgase sind die einzelnen Raumanteile CO_2, N_2, O_2 und H_2O mit ihren spezifischen Gewichten zu multiplizieren und zu addieren. Zur Ausführung dieser Rechnung fehlt jedoch noch die Größe η, die wie folgt aus dem Schaubild bestimmt werden kann:

Da das CO_2-Volumen zu $k\%$ des trockenen Abgasvolumens gesetzt wurde, ist in Verbindung mit Gl. (17)

$$CO_2 = 1{,}866\,c_1 = \frac{k}{100} \cdot G_t;$$

hieraus

Kohlensäuregehalt der Verbrennungsgase

$$\boldsymbol{k\% = \frac{100 \cdot 1{,}866\,c_1}{1{,}866\,c_1 + O_{\min}\left(\frac{4{,}76}{\eta} - 1\right)}} \quad . \ . \ \text{(Gl. 19)}$$

Ähnlich ergibt sich der

Sauerstoffgehalt der Verbrennungsgase

$$\boldsymbol{q\% = \frac{100\,O_{\min}\left(\frac{1}{\eta} - 1\right)}{1{,}866\,c_1 + O_{\min}\left(\frac{4{,}76}{\eta} - 1\right)}} \quad . \ \text{(Gl. 20)}$$

Setzt man $\eta = 1{,}0$ (vollkommene Verbrennung mit theoretischer Luftmenge), dann erhält aus Gl. (19) man den höchsten überhaupt möglichen CO_2-Gehalt

$$k_{\max} = \frac{100 \cdot 1{,}866\,c_1}{1{,}866\,c_1 + 3{,}76\,O_{\min}}; \quad . \ . \ . \ \text{(Gl. 19a)}$$

in Gl. (20) muß dann $q = 0$ werden. Der durch $k_{\max}$ und $q = 0$ bestimmte Punkt ist die Spitze C des Dreiecks in Abb. 5. Den größten überhaupt möglichen O_2-Gehalt der Verbrennungsgase, nämlich 21%, erhält man für unendlich großen Luftüberschuß, also für $\eta = \frac{1}{\infty} = 0$ (Punkt B in Abb. 5). Dann setzt man in den Gl. (19) und (20) der Reihe nach den Luftfaktor $\eta = 0{,}9$,

0,8, 0,7 . . ., berechnet die zugehörigen Werte für k und q[1]) und trägt die zusammengehörigen Werte von k und q in das rechtwinklige Koordinatensystem ein. Diese Punkte müssen auf der Geraden BC liegen[2]); darin liegt eine Prüfung für die Richtigkeit der Zahlenrechnung.

Die Punkte der Abszissenachse AB ergeben sich bei Annahme einer

β) unvollkommenen Verbrennung. Es sei hier die Voraussetzung gemacht, daß zwar aller Kohlenstoff nur zu CO (also ohne CO_2-Bildung) verbrennt, dagegen der Wasserstoff vollständig zu H_2O verbrennt. Diese Voraussetzung stimmt mit den Erfahrungen der Praxis überein, nach denen freier Wasserstoff oder Kohlenwasserstoffe nur in Ausnahmefällen sich in Verbrennungsgasen vorfinden. Aus den zugehörigen Reaktionsgleichungen ergibt sich:

1. $C_2 + O_2 = 2\,CO$; d. h.

1 cbm	C_2 erfordert	1	cbm	O_2	und erzeugt	2	cbm	CO
1 kg	C_2 „	0,933	„	O_2	„ „ $2 \cdot 0{,}933 =$	1,866	„	CO
c_1 „	C_2 erfordern	$0{,}933\,c_1$	„	O_2	„ erzeugen	$1{,}866\,c_1$	„	CO

2. $2\,H_2 + O_2 = 2\,H_2O$; d. h.

h_1 k H_2 erfordern $5{,}55\,h_1$ cbm O_2 (wie unter α).

Hieraus:

theoretische O_2-Menge für 1 kg Brennstoff $\Omega_{\min} = 0{,}933\,c_1 + 5{,}55\,h_1$
wirkliche O_2- „ „ 1 „ „ mit der gleichen Luftmenge wie bei α

$$O_w = \frac{1}{\eta} O_{\min}$$

Also beträgt das Volumen der trockenen Verbrennungsgase für 1 kg Brennstoff

$$\begin{aligned} G_t' = \; & CO = 1{,}866\,c_1 \text{ cbm} = p\,\% \text{ des trockenen Abgasvolumens} \\ & + N_2 = \frac{79}{21} \cdot \frac{1}{\eta} O_{\min} \text{ cbm} \\ & + O_2 = \frac{1}{\eta} O_{\min} - \Omega_{\min} \text{ cbm} = q\,\% \text{ des trockenen Abgasvol.} \\ \hline & = 1{,}866\,c_1 + \frac{4{,}76}{\eta} O_{\min} - \Omega_{\min} \quad . \; . \; . \; . \; . \; \text{(Gl. 21)} \end{aligned}$$

---

[1]) Rechenschema siehe unter Beispiel 16.

[2]) Beweis: Eliminiert man η aus Gl. (19) und (20), dann muß sich die Gleichung der Linie ergeben, auf der die für gleiche Werte von η berechneten Wertepaare k und q liegen. Diese Gleichung wird linear.

Hieraus ergibt sich:

CO-Gehalt der Verbrennungsgase

$$p\% = \frac{100 \cdot 1{,}866\, c_1}{1{,}866\, c_1 + \frac{4{,}76}{\eta}\, 0_{\min} - \Omega_{\min}} \quad \ldots \ldots (\text{Gl. } 22)$$

O_2-Gehalt der Verbrennungsgase

$$q\% = \frac{100\left(\frac{1}{\eta}\, 0_{\min} - \Omega_{\min}\right)}{1{,}866\, c_1 + \frac{4{,}76}{\eta}\, 0_{\min} - \Omega_{\min}} \quad \ldots (\text{Gl. } 23)$$

Setzt man in Gl. (23) $\eta = 1{,}0$ (unvollkommene Verbrennung mit derjenigen Luftmenge, die theoretisch zur vollkommenen Verbrennung ausreichen würde), so erhält man einen bestimmten Wert für den freien O_2-Gehalt, dem in Abb. 5 der Punkt D entspricht. Die Verbindungslinie CD trennt somit das Dreieck in das Gebiet des **Luftmangels** (links von CD) und das Gebiet des **Luftüberschusses** (rechts von CD).

Setzt man in Gl. (23) der Reihe nach $\eta = 0{,}9,\ 0{,}8,\ 0{,}7 \ldots$, dann erhält man die diesen Luftfaktoren entsprechenden Punkte der Abszissenachse. Die auf der Linie der vollkommenen Verbrennung (BC) aus Gl. (19) und (20) berechneten Punkte werden mit den den gleichen Luftfaktoren entsprechenden aus Gl. 23) berechneten Punkten verbunden, wodurch man die **Linien gleichen Luftfaktors** erhält.

Um die Luftfaktorlinien auch für das Gebiet des Luftmangels zu ermitteln, setzt man in Gl. (19) und (20) der Reihe nach $\eta = 1{,}1$, $1{,}2$, $1{,}3 \ldots$ und berechnet die zugehörigen Werte von k und q; diese müssen auf der rückwärtigen Verlängerung von BC liegen. Hierbei werden die Werte von q negativ und die Werte von k größer als $k_{\max}$; diese Werte ergeben sich rein mathematisch, **kommen sachlich nicht in Betracht** und dienen nur zum Ziehen der Luftfaktorlinien. Ebenso setzt man $\eta = 1{,}1,\ 1{,}2,\ 1{,}3 \ldots$ in Gl. (23) und erhält die Abszissenpunkte links von D. Die gleichen Werten von η entsprechenden Punkte für vollkommene Verbrennung und für unvollkommene Verbrennung werden verbunden.

Zum Zeichnen der CO-Teilung fällt man, von einem beliebigen Punkt der Abszissenachse, zweckmäßig von D aus, ein Lot auf BC, also $DE \perp BC$. Die Strecke DE wird in so viele gleiche Teile geteilt, wie man für Punkt D (mit $\eta = 1{,}0$) Prozente

$\eta =$	1,0	0,9	0,8	0,7	0,6	0,5	0,4	0,3	0,2	0,1	0,0	1,1	1,2	1,3	1,4	1,5
$505\,\eta =$	505	455	404	353	303	252	202	151	101	50,5	0,0	555	606	656	707	757
$28{,}8 - \eta =$	27,8	27,9	28,0	28,1	28,2	28,3	28,4	28,5	28,6	28,7	28,8	27,7	27,6	27,5	27,4	27,3
$k =$	**18,2**	16,3	14,4	12,6	10,7	8,9	7,1	5,3	3,5	1,8	**0,0**	20,0	21,9	23,8	25,8	27,8
$605\,(1 - \eta) =$	0,0	60,5	121	182	242	303	363	424	484	545	605	—60,5	—121	—182	—242	—303
$q =$	**0,0**	2,2	4,3	6,5	8,6	10,7	12,8	14,9	16,9	19,0	**21,0**	—2,2	—4,4	—6,6	—8,8	—11,0

CO berechnet hat (nach Gl. 22); die Teilung kann dann nach links (im Gebiet des Luftmangels) fortgesetzt werden. Eine Prüfung für die Richtigkeit der Rechnung und die Genauigkeit der Zeichnung liegt darin, daß die Werte des CO-Gehaltes, die man für die Punkte der Luftfaktoren η auf der Abszissenachse rechnerisch gefunden hat, mit den durch die gleichmäßige CO-Teilung sich zeichnerisch ergebenden Werten übereinstimmen müssen.

Wenn für einen bestimmten Fall der CO_2- und der O_2-Gehalt der Abgase ermittelt ist, dann sucht man den diesen beiden Werten entsprechenden Punkt im Schaubild und findet damit gleichzeitig die zugehörigen Werte von η und CO. Letzterer Wert muß bei vollkommener Verbrennung $= o$ sein.

Beispiel 16. Für Steinkohle sei gegeben:

$$\left.\begin{array}{l} C = 75{,}0\%;\ \text{also}\ c_1 = 0{,}75\ \text{kg} \\ H = \ \ 6{,}0\ ,,\ ;\ \ ,,\ \ h_1' = 0{,}06\ ,, \\ O = \ \ 8{,}0\ ,,\ ;\ \ ,,\ \ q_1 = 0{,}08\ ,, \end{array}\right\} h_1 =$$

$$= 0{,}06 - \frac{0{,}08}{8} = 0{,}05\ \text{kg}$$

$$H_2O = \ 4{,}0\ \%\,.$$

Es ist das auf 0° und 760 mm QS bezogene Volumen G_g der Abgase zu berechnen, wenn die Analyse $k = 13{,}0\%$ CO_2 und $q = 6{,}0\%$ O_2 ergab.

Berechnet:

$$O_{\text{min}} = 1{,}866 \cdot 0{,}75 + 5{,}55 \cdot 0{,}05 = 1{,}677\ \text{cbm}$$
$$\Omega_{\text{min}} = 0{,}933 \cdot 0{,}75 + 5{,}55 \cdot 0{,}05 = 0{,}977\ \ ,,\ .$$

Die Formeln für k und q werden zweckmäßig nach Einsetzen der Konstanten so umgeformt, daß sich ihre einzelnen Bestandteile leicht mit dem Rechenschieber abschieben und in nebenstehender Zahlentafel zusammenstellen lassen.

α) Für die vollständige Verbrennung ist nach Gl. (19):

$$CO_2 = k = \frac{100 \cdot 1{,}866 \cdot 0{,}75}{1{,}866 \cdot 0{,}75 + 1{,}677\left(\dfrac{4{,}76}{\eta} - 1\right)}$$

$$= \frac{140\,\eta}{7{,}98 - 0{,}277\,\eta} = \frac{505\,\eta}{28{,}8 - \eta}\,;$$

η =	1,0	0,9	0,8	0,7	0,6	0,5	0,4	0,3	0,2	0,1	0,0	1,1	1,2	1,3	1,4	1,5
$331\,\eta$ =	331	298	265	232	199	166	132	99,3	66,2	33,1	0,0	364	397	430	463	497
$18{,}9+\eta$ =	19,9	19,8	19,7	19,6	19,5	19,4	19,3	19,2	191	19,0	18,9	20,0	20,1	20,2	20,3	20,4
p =	**16,7**	15,1	13,5	11,8	10,2	8,6	6,9	5,2	3,5	1,7	**0,0**	18,2	19,7	21,3	22,8	24,4
396 =	396	396	396	396	396	396	396	396	396	396	396	396	396	396	396	396
$231\,\eta$ =	231	208	185	162	139	116	92	69	46	23	0	254	277	300	323	346
$396-231\,\eta$ =	165	188	211	234	257	280	304	327	350	373	396	142	119	96	73	50
q =	**8,3**	9,5	10,7	11,9	13,2	14,4	15,8	17,1	18,3	19,6	**21,0**	7,1	5,9	4,8	3,6	2,5

Gl. (20):

$$O_2 = q = \frac{100 \cdot 1{,}677\left(\frac{1}{\eta} - 1\right)}{1{,}866 \cdot 0{,}75 + 1{,}677\left(\frac{4{,}76}{\eta} - 1\right)} = \frac{167{,}7\,(1-\eta)}{7{,}98 - 0{,}277\,\eta} = \frac{605\,(1-\eta)}{28{,}8-\eta}.$$

Hieraus entsteht für die verschiedenen Werte von η die Zahlentafel auf S. 44:

β) Für die unvollkommene Verbrennung ist:

$$CO = p = \frac{100 \cdot 1{,}866 \cdot 0{,}75}{1{,}866 \cdot 0{,}75 + \frac{4{,}76}{\eta} \cdot 1{,}677 - 0{,}977} = \frac{140\,\eta}{7{,}98 + 0{,}423\,\eta} = \frac{331\,\eta}{18{,}9+\eta};$$

(nach Gl. 22)

$$O_2 = q = \frac{100\left(\frac{1}{\eta} \cdot 1{,}677 - 0{,}977\right)}{1{,}866 \cdot 0{,}75 + \frac{4{,}76}{\eta} \cdot 1{,}677 - 0{,}977} = \frac{167{,}7 - 97{,}7\,\eta}{7{,}98 + 0{,}423\,\eta} = \frac{396 - 231\,\eta}{18{,}9+\eta}.$$

(nach Gl. 23)

Hieraus entsteht für die verschiedenen Werte von η nebenstehende Zahlentafel.

Zur Auftragung der CO-Teilung zieht man nach Abb. 5 $DE \perp BC$, dann muß $DE = 16{,}7$ CO-Teile umfassen (entsprechend dem obigen Wert von p für $\eta = 1{,}0$); also ist 1% CO $= \frac{DE}{16{,}7}$ mm.

Die durch die Abgasanalyse festgestellten Werte: $CO_2 = 13{,}0\%$ und $O_2 = 6{,}0\%$ werden in Abb. 5 eingetragen und liefern den Punkt *I*. Er fällt auf die Linie der vollkommenen Verbrennung, also CO = 0. Ferner ergibt sich der

Luftfaktor $\eta = 0{,}73$[1]);

also wurde die $\frac{1}{0{,}73} = 1{,}37$ fache theoretische Luftmenge zugeführt.

---

[1]) Aus dem Schaubild abgeschätzt. Rechnerisch würde sich η aus $k = \frac{505\,\eta}{28{,}8-\eta} = 13{,}0\,\%$ zu $\eta = 0{,}725$ ergeben.

Demnach beträgt nach Gl. (17) das Volumen der von 1 kg Kohle erzeugten trockenen Verbrennungsgase

$$G_t = 1{,}866 \cdot 0{,}75 + 1{,}677 \left(\frac{4{,}76}{0{,}73} - 1\right) = 10{,}68 \text{ cbm.}$$

Darin sind enthalten:

$$\begin{aligned} CO_2 &= 13{,}0\% = 0{,}13 \cdot 10{,}68 = 1{,}39 \text{ cbm} \\ O_2 &= 6{,}0\text{ ,,} = 0{,}06 \cdot 10{,}68 = 0{,}64 \text{ ,,} \\ N_2 &= 81{,}0\text{ ,,} = 0{,}81 \cdot 10{,}68 = 8{,}65 \text{ ,,} \\ \hline & 100{,}0\% \qquad\qquad\qquad\quad 10{,}68 \text{ cbm} \end{aligned}$$

Dazu nach Gl. (18):

$$H_2O = 11{,}1 \cdot 0{,}06 + \frac{0{,}04}{0{,}806} = 0{,}72 \text{ ,,}$$

$$\text{Gesamtes Abgasvolumen } G_g = 11{,}40 \text{ cbm.}$$

Das Abgasgewicht G_{kg} setzt sich[1]) zusammen aus:

$$\begin{aligned} CO_2 &= 1{,}39 \cdot 1{,}9652 = 2{,}73 \text{ kg} \\ O_2 &= 0{,}64 \cdot 1{,}4292 = 0{,}92 \text{ ,,} \\ N_2 &= 8{,}65 \cdot 1{,}2542 = 10{,}85 \text{ ,,} \\ H_2O &= 0{,}72 \cdot 0{,}806 = 0{,}58 \text{ ,,} \\ \hline G_{kg} &= 11{,}40 \cdot \gamma = 15{,}08 \text{ kg} \end{aligned}$$

Die Näherungsgleichung (14) (S. 36) würde ergeben:

$$G_{kg} = 1{,}37 \frac{2{,}67 \cdot 0{,}75 + 8 \cdot 0{,}06 - 0{,}08}{0{,}23} + 1 = 15{,}3 \text{ kg.}$$

$$\text{Spezifisches Gasgewicht } \gamma = \frac{15{,}08}{11{,}40} = 1{,}32 \text{ kg/cbm.}$$

Wenn bei einer anderen Abgasanalyse ebenfalls $CO_2 = 13{,}0\%$, dagegen nur $O_2 = 5\%$ festgestellt worden wären (Punkt *III* in Abb. 5), dann wäre die Verbrennung unvollkommen gewesen, und zwar nicht etwa wegen Luftmangel, sondern wegen zu niedriger Temperatur im Feuerraum, ungenügender Mischung von Brenngasen mit Luft oder ungleichmäßiger Verteilung der Kohle auf dem Rost. Das Schaubild und die Berechnung hätten folgendes geliefert:

Luftfaktor $\eta = 0{,}8$; also wurde die $\frac{1}{0{,}8} = 1{,}25$fache theoretische Luftmenge zugeführt.

$$\begin{aligned} &\text{Kohlenoxyd } p = 1{,}3\%. \\ &O_{min} \text{ wie oben } = 1{,}677 \text{ cbm.} \\ &O_w = \frac{1{,}677}{0{,}8} = 2{,}10 \text{ cbm.} \\ &\text{Luftmenge } = \frac{2{,}10}{0{,}21} = 10{,}0 \text{ cbm} \\ &\qquad\qquad\qquad = 10{,}0 \cdot 1{,}293 = 12{,}93 \text{ kg.} \end{aligned}$$

Abgasgewicht von 1 kg Kohle (bei Vernachlässigung der Asche) = Luftgewicht + 1:

$$G_{kg} = 12{,}93 + 1 = 13{,}93 \text{ kg.}$$

---

[1]) Mit Benutzung der in Zahlentafel 1 (S. 6) enthaltenen spezifischen Gewichte.

Gewicht des Wasserdampfes nach Gl. (18):

$$H_2O = 0{,}72 \cdot 0{,}806 = 0{,}58 \text{ kg (wie oben)};$$

also Gewicht der trockenen Abgase:

$$G_{t\,kg} = G_{kg} - H_2O = 13{,}93 - 0{,}58 = 13{,}35 \text{ kg}.$$

Das Volumen der trockenen Abgase sei x, dann ist

$$\begin{aligned} G_{t\,kg} = \quad & CO_2 = 0{,}13 \cdot x \cdot 1{,}9652 = 0{,}255\,x \\ + \; & O_2 = 0{,}05 \cdot x \cdot 1{,}4292 = 0{,}072\,x \\ + \; & CO = 0{,}013 \cdot x \cdot 1{,}2506 = 0{,}016\,x \\ + \; & N_2 = 0{,}807 \cdot x \cdot 1{,}2542 = 1{,}010\,x \\ & \text{Summe } 1{,}00 \cdot x \cdot \gamma_t = 1{,}353\,x \end{aligned}$$

Hieraus:

Volumen der trockenen Abgase $x = G_t = \frac{G_{tkg}}{1{,}353} = \frac{13{,}35}{1{,}353} = 9{,}85$ cbm

„ des Wasserdampfes $\frac{0{,}58}{0{,}806} = 0{,}72$ „

Gesamtes Abgasvolumen von 1 kg Kohle $G_g = 10{,}57$ cbm

Spezifisches Gewicht der trockenen Abgase . . . $\gamma_t = 1{,}353$ kg/cbm

„ „ „ feuchten „ $\gamma_g = \frac{13{,}93}{10{,}57} = 1{,}32$ „

Hätte sich bei einer dritten Abgasanalyse ergeben: CO_2 wieder $= 13{,}0$, dagegen $O_2 = 1{,}0$ (Punkt *II* in Abb. 5), dann wäre die Verbrennung ebenfalls unvollkommen gewesen, jedoch zunächst wegen Luftmangel, weil Punkt *III* links von der Luftfaktorlinie $\eta = 1{,}0$ liegt. Ferner ist:

Luftfaktor $\eta = 1{,}1$; also wurde nur das $\frac{1}{1{,}1} = 0{,}9$fache der theoretischen Luftmenge zugeführt.

Kohlenoxyd $p = 6{,}5\%$.

Die weitere Berechnung kann wie oben durchgeführt werden.

2. Gasförmige Brennstoffe.

1 cbm Frischgas enthalte h_1 cbm H_2; 1 cbm Abgas enthalte $k\%$ CO_2

h_1	cbm	H_2	k%	CO_2
p_1	„	CO	p „	CO
n_1	„	N_2	q „	O_2
v_1	„	CH_4		
k_1	„	CO_2		
q_1	„	O_2		
r_1	„	C_2H_4		
s_1	„	C_2H_2.		

Aus den Verbrennungsgleichungen ergibt sich der theoretische O_2-Bedarf und die erzeugte Abgasmenge wie folgt:

α) Bei vollständiger Verbrennung ist

1. $2\,H_2 + O_2 = 2\,H_2O$; d. h.
   1 cbm H_2 erfordert 0,5 cbm O_2 und erzeugt 1 cbm H_2O[1])
   h_1 „ H_2 erfordern $0{,}5\,h_1$ „ O_2 „ erzeugen h_1 „ H_2O.
2. $2\,CO + O_2 = 2\,CO_2$; d. h.
   p_1 cbm CO erfordern $0{,}5\,p_1$ cbm O_2 u. erzeugen p_1 cbm CO_2.

[1]) Wasserdampf bei 0° und 760 mm QS.

3. $CH_4 + 2\,O_2 = CO_2 + 2\,H_2O$; d. h.
v_1 cbm CH_4 erfordern $2\,v_1$ cbm O_2 und erzeugen v_1 cbm CO_2 und $2\,v_1$ cbm H_2O[1]).
4. CO_2 bleibt unverändert; d. h.
k_1 cbm CO_2 erzeugen k_1 cbm CO_2.
5. $C_2H_4 + 3\,O_2 = 2\,CO_2 + 2\,H_2O$; d. h.
r_1 cbm C_2H_4 erfordern $3\,r_1$ cbm O_2 und erzeugen $2\,r_1$ cbm CO_2 und $2\,r_1$ cbm H_2O[1]).
6. $2\,C_2H_2 + 5\,O_2 = 4\,CO_2 + 2\,H_2O$; d. h.
s_1 cbm C_2H_2 erfordern $2{,}5\,s_1$ cbm O_2 und erzeugen $2\,s_1$ cbm CO_2 und s_1 cbm H_2O[1]).
7. O_2 vermindert den theoretischen Gesamt-O_2-Bedarf, also q_1 cbm vermindern ihn um q_1 cbm.

Hieraus:
theoretische O_2-Menge für 1 cbm Frischgas

$$O_{\min} = 0{,}5\,h_1 + 0{,}5\,p_1 + 2\,v_1 + 3\,r_1 + 2{,}5\,s_1 - q_1\,,$$

wirkliche O_2-Menge für 1 cbm Frischgas

$$O_w = \frac{1}{\eta}\,O_{\min}\,.$$

Die trockene Abgasmenge von 1 cbm Frischgas setzt sich demnach wie folgt zusammen:

$$\begin{array}{l|l} CO_2 & = p_1 + v_1 + k_1 + 2\,r_1 + 2\,s_1 = A = k\,\% \text{ der Abgasmenge} \\ + N_2 & = n_1 + \frac{79}{21}\cdot\frac{1}{\eta}\,O_{\min} \\ + O_2 & = \frac{1}{\eta}\,O_{\min} - O_{\min} = q\,\% \text{ der Abgasmenge.} \end{array}$$

Das Volumen der von 1 cbm Frischgas erzeugten trockenen Verbrennungsgase beträgt demnach

$$G_t = A + n_1 + \frac{79}{21}\cdot\frac{1}{\eta}\,O_{\min} + \frac{1}{\eta}\,O_{\min} - O_{\min}$$

$$= A + n_1 + O_{\min}\left(\frac{4{,}76}{\eta} - 1\right) \quad \text{(Gl. 24)}$$

Dazu kommt noch das Volumen des durch die Verbrennung des freien und des an C gebundenen Wasserstoffes erzeugten Wasserdampfes[1])

$$H_2O = h_1 + 2\,v_1 + 2\,r_1 + s_1\,.$$

[1]) Wasserdampf bei 0° und 760 mm QS.

Das gesamte Abgasvolumen für 1 cbm Frischgas ist also bei Vernachlässigung eines etwaigen H_2O-Gehaltes im Frischgas

$$G_g = A + n_1 + O_{min}\left(\frac{4,76}{\eta} - 1\right) + (h_1 + 2v_1 + 2r_1 + s_1) \;.\; \text{(Gl. 25)}$$

Die Berechnung des Gewichtes von G_g erfolgt wie bei festen Brennstoffen.

Da, wie bei letzteren, ebenfalls

$$CO_2 = \frac{k}{100} \cdot G_t$$

ist, so ergibt sich der Kohlensäuregehalt der trockenen Verbrennungsgase

$$k\,\% = \frac{100\,A}{A + n_1 + O_{min}\left(\frac{4,76}{\eta} - 1\right)} \quad \ldots \text{(Gl. 26)}$$

Ähnlich ergibt sich der Sauerstoffgehalt der Verbrennungsgase

$$q\,\% = \frac{100 \cdot O_{min}\left(\frac{1}{\eta} - 1\right)}{A + n_1 + O_{min}\left(\frac{4,76}{\eta} - 1\right)} \quad \ldots \text{(Gl. 27)}$$

Setzt man $\eta = 1,0$ (vollkommene Verbrennung mit theoretischer Luftmenge), dann erhält man aus Gl. (26) den höchsten überhaupt möglichen CO_2-Gehalt

$$k_{max} = \frac{100\,A}{A + n_1 + 3,76\,O_{min}} \quad \ldots\ldots \text{(Gl. 26a)}$$

Setzt man in Gl. (26) und (27) der Reihe nach $\eta = 0,9$, $0,8$, $0,7 \ldots$, berechnet die zugehörigen Werte von k und q, dann ergibt sich in Abb. 6 die Hypotenuse AB wie bei festen und flüssigen Brennstoffen.

β) Die Punkte für die unvollkommene Verbrennung liegen nicht, wie bei festen und flüssigen Brennstoffen, auf der Abszissenachse, sondern wegen des CO_2-Gehaltes des Frischgases auf einer Geraden BD und werden nach den Verbrennungsgleichungen wieder unter der Annahme berechnet, daß der gesamte brennbare Kohlenstoff nur zu CO, der Wasserstoff dagegen vollständig zu H_2O verbrennt:

1. $2\,H_2 + O_2 = 2\,H_2O$; d. h.
   h_1 cbm H_2 erfordern $0,5\,h_1$ cbm O_2.

2. CO bleibt unverändert; d. h.
p_1 cbm CO erzeugen p_1 cbm CO.
3. $2\,CH_4 + 3\,O_2 = 2\,CO + 4\,H_2O$; d. h.
v_1 cbm CH_4 erfordern 1,5 v_1 cbm O_2 und „ v_1 „ CO.

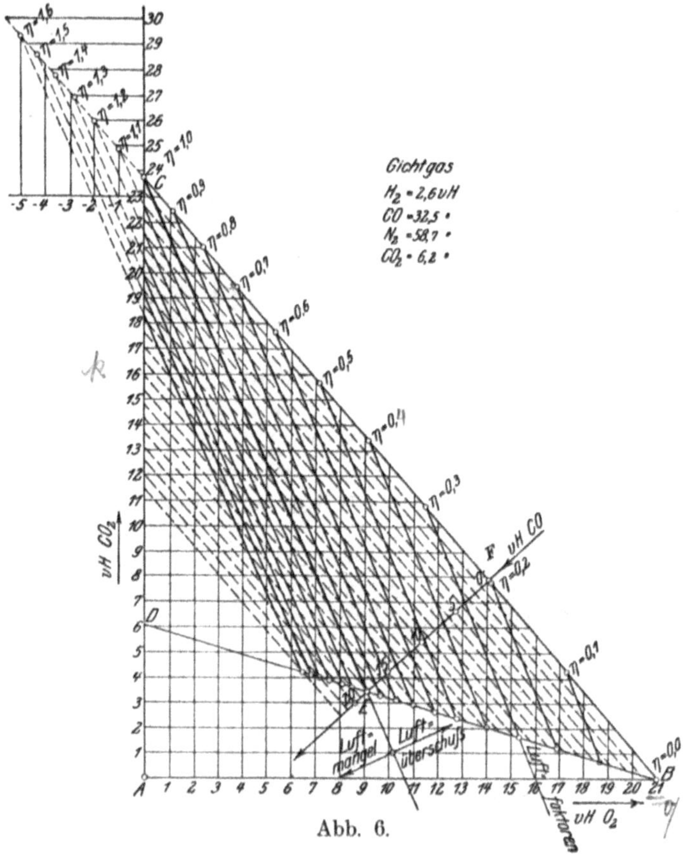

Abb. 6.

4. CO_2 bleibt unverändert; d. h.
k_1 cbm CO_2 „ k_1 „ CO_2.
5. $C_2H_4 + 2\,O_2 = 2\,CO + 2\,H_2O$; d. h.
r_1 cbm C_2H_4 erfordern 2 r_1 cbm O_2 und „ 2 r_1 „ CO.
6. $2\,C_2H_2 + 3\,O_2 = 4\,CO + 2\,H_2O$; d. h.
s_1 cbm C_2H_2 erfordern 1,5 s_1 cbm O_2 und „ 2 s_1 „ CO.
7. O_2 vermindert den theoretischen Sauerstoffbedarf um q_1 cbm.

Hieraus:
theoretische O_2-Menge für 1 cbm Frischgas

$$\Omega_{\min} = 0{,}5\, h_1 + 1{,}5\, v_1 + 2\, r_1 + 1{,}5\, s_1 - q_1\,,$$

wirkliche O_2-Menge für 1 cbm Frischgas mit der gleichen Luftmenge wie bei α

$$O_w = \frac{1}{\eta}\, O_{\min}\,,$$

trockene Abgasmenge von 1 cbm Frischgas

$$\begin{aligned} G_t' = \quad & CO_2 = k_1 && = k\% \text{ von } V_t \\ + & CO = p_1 + v_1 + 2\, r_1 + 2\, s_1 = B && = p\% \quad ,, \quad V_t \\ + & N_2 = n_1 + \frac{79}{21}\,\frac{1}{\eta}\, O_{\min} && \\ + & O_2 = \frac{1}{\eta}\, O_{\min} - \Omega_{\min} && = q\% \quad ,, \quad V_t\,. \end{aligned}$$

Also

$$G_t' = k_1 + B + n_1 + \frac{79}{21} \cdot \frac{1}{\eta}\, O_{\min} + \frac{1}{\eta}\, O_{\min} - \Omega_{\min}$$

$$= k_1 + B + n_1 + \frac{4{,}76}{\eta}\, O_{\min} - \Omega_{\min} \quad \text{(Gl. 28)}$$

Hieraus ergibt sich:

Kohlensäuregehalt der Verbrennungsgase

$$k\,\% = \frac{100\, k_1}{k_1 + B + n_1 + \frac{4{,}76}{\eta}\, O_{\min} - \Omega_{\min}} \quad \text{(Gl. 29)}$$

Kohlenoxydgehalt der Verbrennungsgase

$$p\,\% = \frac{100\, B}{k_1 + B + n_1 + \frac{4{,}76}{\eta}\, O_{\min} - \Omega_{\min}} \quad \text{(Gl. 30)}$$

Sauerstoffgehalt der Verbrennungsgase

$$q\,\% = \frac{100\left(\frac{1}{\eta}\, O_{\min} - \Omega_{\min}\right)}{k_1 + B + n_1 + \frac{4{,}76}{\eta}\, O_{\min} - \Omega_{\min}} \quad \text{(Gl. 31)}$$

Aus den Gl. (29 und 31) ergeben sich für die gleichen Werte von η die Punkte der Geraden BD und in ähnlicher Weise wie bei α die Luftfaktorlinien. Die CO-Teilung wird wieder zweckmäßig auf dem von E (mit $\eta = 1{,}0$) nach BC gefüllten Lot EF vorgenommen, indem man in Gl. 30) $\eta = 1$ setzt; dann wird EF in so viel gleiche Teile geteilt, wie sich bei dieser Rechnung Prozente CO ergeben.

Die Anwendung des Schaubildes geschieht ebenso, wie bei festen und flüssigen Brennstoffen.

Beispiel 17. Ein Cowper werde mit Gichtgas von folgender Zusammensetzung geheizt:

$H_2 =$	2,6%;	also	$h_1 = 0{,}026$ cbm
$CO =$	32,5 „	„	$p_1 = 0{,}325$ „
$N_2 =$	58,7 „	„	$n_1 = 0{,}587$ „
$CO_2 =$	6,2 „	„	$k_1 = 0{,}062$ „
	100,0%		1,000 cbm

Die Untersuchung der Abgase des Cowpers habe ergeben:

$$CO_2 = k = 19{,}5\%$$
$$O_2 = q = 3{,}6 \text{ „ }.$$

Es ist das Schaubild nach Abb. 6 sowie das Volumen und Gewicht der von 1 cbm Frischgas bei 0° und 760 mm QS erzeugten Verbrennungsgase sowie die für 1 cbm Frischgas zugeführte Luftmenge zu berechnen.

Berechnet:
$$O_{min} = 0{,}5 \cdot 0{,}026 + 0{,}5 \cdot 0{,}325 = 0{,}176 \text{ cbm}$$
$$\Omega_{min} = 0{,}5 \cdot 0{,}026 = 0{,}013 \text{ „}$$
$$A = 0{,}325 + 0{,}062 = 0{,}387 \text{ „}$$
$$B = 0{,}325 = 0{,}325 \text{ „}$$

α) Für die vollständige Verbrennung ist:

$$\left.\begin{aligned} CO_2 = k &= \frac{100 \cdot 0{,}387}{0{,}387 + 0{,}587 + 0{,}176\left(\frac{4{,}76}{\eta} - 1\right)} \\ &= \frac{38{,}7\,\eta}{0{,}798\,\eta + 0{,}838} = \frac{48{,}5\,\eta}{\eta + 1{,}05} \end{aligned}\right\} \text{(nach Gl. 26)}$$

$$\left.\begin{aligned} O_2 = q &= \frac{100 \cdot 0{,}176\left(\frac{1}{\eta} - 1\right)}{0{,}387 + 0{,}587 + 0{,}176\left(\frac{4{,}76}{\eta} - 1\right)} \\ &= \frac{17{,}6\,(1-\eta)}{0{,}798\,\eta + 0{,}838} = \frac{22{,}1\,(1-\eta)}{\eta + 1{,}05} \end{aligned}\right\} \text{(nach Gl. 27)}$$

Hieraus entsteht für die verschiedenen Werte von η die Zahlentafel a auf Seite 53.

(Zahlentafel a)

$\eta =$	1,0	0,9	0,8	0,7	0,6	0,5	0,4	0,3	0,2	0,1	0,0	1,1	1,2	1,3	1,4	1,5
$48,5\,\eta =$	**48,5**	**43,6**	38,8	34,0	29,1	24,2	19,4	**14,6**	9,7	4,85	0,0	53,3	58,2	63,0	67,9	72,7
$\eta + 1,05 =$	2,05	1,95	1,85	1,75	1,65	1,55	1,45	1,35	1,25	1,15	1,05	2,15	2,25	2,35	2,45	2,55
$k =$	**23,7**	22,4	21,0	19,5	17,6	15,6	13,4	10,8	7,8	4,2	**0,0**	24,8	25,9	26,8	27,7	28,5
$22,1\,(1-\eta) =$	0,0	2,21	4,42	6,63	8,84	11,1	13,2	15,5	17,7	19,9	22,1	— 2,21	— 4,42	— 6,63	— 8,84	— 11,1
$q =$	**0,0**	1,1	2,4	3,8	5,4	7,2	9,1	11,5	14,2	17,3	**21,0**	— 1,0	— 2,0	— 2,8	— 3,6	— 4,4

(Zahlentafel b)

$\eta =$	1,0	0,9	0,8	0,7	0,6	0,5	0,4	0,3	0,2	0,1	0,0	1,1	1,2	1,3	1,4	1,5
$6,45\,\eta =$	6,45	5,80	5,15	4,52	3,87	3,23	2,58	1,94	1,29	0,65	0,00	7,10	7,75	8,39	9,04	9,68
$\eta + 0,873 =$	1,87	1,77	1,67	1,57	1,47	1,37	1,27	1,17	1,07	0,97	0,87	1,97	2,07	2,17	2,27	2,37
$k =$	**3,5**	3,3	3,1	2,9	2,6	2,4	2,0	1,7	1,2	0,7	**0,0**	3,6	3,7	3,9	4,0	4,1
$33,8\,\eta =$	33,8	30,4	27,0	23,7	20,3	16,9	13,5	10,2	6,77	3,38	0,0	37,2	40,6	44,0	47,3	50,7
$p =$	**18,1**	17,2	16,2	15,1	13,8	12,3	10,6	8,7	6,3	3,5	0,0	18,9	19,6	20,3	20,9	21,4
$18,3 =$	18,3	18,3	18,3	18,3	18,3	18,3	18,3	18,3	18,3	18,3	18,3	18,3	18,3	18,3	18,3	18,3
$1,35\,\eta =$	1,4	1,2	1,1	0,9	0,8	0,7	0,5	0,4	0,3	0,1	0,0	1,5	1,6	1,8	1,9	2,0
$18,3-1,35\,\eta =$	16,9	17,1	17,2	17,4	17,5	17,5	17,8	17,9	18,0	18,2	18,3	16,8	16,7	16,5	16,4	16,3
$q =$	**9,0**	9,7	10,3	11,1	11,9	12,9	14,0	15,3	16,8	18,9	**21,0**	8,6	8,1	7,6	7,2	6,9

β) Für die unvollkommene Verbrennung ist:

$$\left.\begin{aligned} CO_2 = k &= \frac{100 \cdot 0{,}062}{0{,}062 + 0{,}325 + 0{,}587 + \frac{4{,}76}{\eta} \cdot 0{,}176 - 0{,}013} \\ &= \frac{6{,}2\,\eta}{0{,}961\,\eta + 0{,}838} = \frac{6{,}45\,\eta}{\eta + 0{,}873} \end{aligned}\right\} \text{(nach Gl. 29)}$$

$$\left.\begin{aligned} CO = p &= \frac{100 \cdot 0{,}325}{0{,}062 + 0{,}325 + 0{,}587 + \frac{4{,}76}{\eta} \cdot 0{,}176 - 0{,}013} \\ &= \frac{32{,}5\,\eta}{0{,}961\,\eta + 0{,}838} = \frac{33{,}8\,\eta}{\eta + 0{,}873} \end{aligned}\right\} \text{(nach Gl. 30)}$$

$$\left.\begin{aligned} O_2 = q &= \frac{100\left(\frac{1}{\eta} \cdot 0{,}176 - 0{,}013\right)}{0{,}062 + 0{,}325 + 0{,}587 + \frac{4{,}76}{\eta} \cdot 0{,}176 - 0{,}013} \\ &= \frac{17{,}6 - 1{,}3\,\eta}{0{,}961\,\eta + 0{,}838} = \frac{18{,}3 - 1{,}35\,\eta}{\eta + 0{,}873} \end{aligned}\right\} \text{(nach Gl. 31)}$$

Hieraus ergibt sich für die verschiedenen Werte von η die Zahlentafel b auf Seite 53.

Zur Auftragung der CO-Teilung zieht man nach Abb. 6 $EF \perp BC$, dann muß $EF = 18{,}1$ CO-Teile umfassen (entsprechend dem obigen Wert von p für $\eta = 1{,}0$); also ist $1\%\ CO = \frac{EF}{18{,}1}$ mm.

Die durch die Abgasanalyse festgestellten Werte: $CO_2 = 19{,}5\%$ und $O_2 = 3{,}6\%$ werden in Abb. 6 eingetragen und ergeben:

Luftfaktor $\eta = 0{,}7$; also wurde die $\frac{1}{0{,}7} = 1{,}43$fache theoretische Luftmenge zugeführt,

Kohlenoxyd $p = 0$; Verbrennung vollkommen.

Das Volumen des trockenen, von 1 cbm Frischgas erzeugten Verbrennungsgases beträgt nach (Gl. 24):

$$G_t = 0{,}387 + 0{,}587 + 0{,}176\left(\frac{4{,}76}{0{,}7} - 1\right) = 1{,}99 \text{ cbm.}$$

Die zugehörige Wasserdampfmenge ist nach (Gl. 25):

$$H_2O = 2 \cdot 0{,}026 = 0{,}05 \text{ cbm;}$$

also gesamtes Volumen:

$$G_g = 1{,}99 + 0{,}05 = 2{,}04 \text{ cbm.}$$

Darin sind enthalten:

$$\begin{aligned} CO_2 &= 0{,}195 \cdot 1{,}99 = 0{,}388 \text{ cbm} \\ O_2 &= 0{,}036 \cdot 1{,}99 = 0{,}072\ \text{,,} \\ N_2 &= 0{,}769 \cdot 1{,}99 = 1{,}530\ \text{,,} \\ H_2O &= \phantom{0{,}769 \cdot 1{,}99} = 0{,}050\ \text{,,} \\ & \phantom{= 0{,}769 \cdot 1{,}99 =}\ \overline{2{,}040 \text{ cbm}} \end{aligned}$$

Das Abgasgewicht G setzt sich[1]) zusammen aus:

$$\begin{aligned} CO_2 &= 0{,}388 \cdot 1{,}9652 = 0{,}762 \text{ kg} \\ O_2 &= 0{,}072 \cdot 1{,}4292 = 0{,}103 \text{ ,,} \\ N_2 &= 1{,}530 \cdot 1{,}2542 = 1{,}920 \text{ ,,} \\ H_2O &= 0{,}050 \cdot 0{,}806 \ \ = 0{,}040 \text{ ,,} \\ \hline G_{kg} &= 2{,}040 \cdot \gamma \qquad = 2{,}725 \text{ kg.} \end{aligned}$$

Spezifisches Gewicht der Abgase bei 0° und 760 mm:

$$\gamma = \frac{2{,}725}{2{,}040} = 1{,}33 \text{ kg/cbm.}$$

Zugeführte Luftmenge für 1 cbm Frischgas:

$$L_{\text{cbm}} = \frac{O_w}{0{,}21} = \frac{1}{\eta} \cdot \frac{O_{\min}}{0{,}21} = \frac{0{,}176}{0{,}70 \cdot 0{,}21} = 1{,}20 \text{ cbm,}$$

$$L_{\text{kg}} = 1{,}20 \cdot 1{,}293 = 1{,}55 \text{ kg.}$$

c) Einfluß des Eisenabbrandes bei Glühöfen. Beim Glühen von Eisen, z. B. in Stoß-, Roll- und Schmiedeöfen, verbrennt ein Teil[2]) des Einsatzes zu FeO, wozu ein Teil des zugeführten Luftsauerstoffes erforderlich ist. Da dieser Teil keine CO_2 bildet, erhält man einen geringeren Wert von $k_{\max}$, als der Gl. (19) für $\eta = 1{,}0$ entspricht. Ein nach der Brennstoffzusammensetzung berechnetes Schaubild würde demnach zu falschen Schlüssen veranlassen. Analysenpunkte, die einer tatsächlich vollkommenen Verbrennung entsprechen, würden innerhalb des Dreiecks fallen und man würde fälschlich auf Vorhandensein von CO schließen.

Deshalb ermittelt man, wieviel kg Eisenabbrand auf 1 kg Brennstoff treffen und rechnet die prozentuale Brennstoffzusammensetzung auf die Summe. 1 kg Brennstoff + zugehöriger Abbrand um, indem man das verbrannte Eisen als Bestandteil des Gesamtbrennstoffes ansieht. Der Eisenabbrand ergibt sich als Unterschied: Einsatz minus Ausbringen. Mit der so berechneten Brennstoffzusammensetzung ergibt sich dann das angenähert richtige Schaubild.

Beispiel 18. Bei einem Versuch an einem Walzwerks-Stoßofen hatte die verfeuerte Kohle folgende Zusammensetzung:

$$\begin{aligned} C &= 74{,}86\,\%; \quad \text{also } c_1 = 0{,}7486 \text{ kg} \\ H_2 &= \ \ 4{,}40 \text{ ,,} \qquad \text{,,} \quad h_1 = 0{,}0440 \text{ ,,} \\ O_2 &= \ \ 2{,}68 \text{ ,,} \qquad \text{,,} \quad q_1 = 0{,}0268 \text{ ,,} \end{aligned} \Bigg\} \; h_1 = 0{,}0406 \text{ kg}$$

$$\begin{aligned} N_2 &= \ \ 2{,}00 \text{ ,,} \\ S &= \ \ 1{,}85 \text{ ,,} \end{aligned} \Bigg\} \text{ vernachlässigt}$$

$$\begin{aligned} H_2O &= \ \ 5{,}81 \text{ ,,} \\ \text{Asche} &= \ \ 7{,}40 \text{ ,,} \\ \hline & \ 100{,}00\,\%. \end{aligned}$$

[1]) nach Zahlentafel 1.

[2]) ∾ 2 bis 3%.

Es betrug:

der stündliche Einsatz (warm) . . . . 12 020 kg

„ „ Abbrand[1]) 1,75% = 0,0175 · 12 020 = 210 „

„ „ Brennstoffverbrauch . . . . . . 335 „

„ Brennstoffverbrauch in % des Einsatzes $\frac{335 \cdot 100}{12020} = 2{,}77\,\%$

„ Abbrand in % des Brennstoffes $\frac{210 \cdot 100}{335} = 63\%$,

d. h. auf 1 kg Kohle treffen 0,63 kg verbranntes Eisen.

Die für die Berechnung des Schaubildes erforderlichen Analysenwerte für c_1, h_1 und q_1 sind demnach auf 1,63 kg Gesamtbrennstoff umzurechnen, also mit 1,63 zu dividieren.

Es ergibt sich:

$$c_1 = \frac{0{,}7486}{1{,}63} = 0{,}460 \text{ kg},$$

$$h_1 = \frac{0{,}0406}{1{,}63} = 0{,}025 \text{ kg},$$

$$q_1 = \frac{0{,}0268}{1{,}63} = 0{,}016 \text{ kg},$$

$$F_e = f_1 = \frac{0{,}63}{1{,}63} = 0{,}387 \text{ kg},$$

$$w_1 = \frac{0{,}0581}{1{,}63} = 0{,}035 \text{ kg}.$$

Die Formeln für die Berechnung des Abgasschaubildes werden wie folgt entwickelt:

a) Vollkommene Verbrennung.

1. $C_2 + 2\,O_2 = 2\,CO_2$; d. h. (wie früher S. 40)
   c_1 kg C erfordern 1,866 c_1 cbm O_2 u. erz. 1,866 c_1 cbm CO_2;
2. $2\,H_2 + O_2 = 2\,H_2O$; d. h. (wie früher)
   h_1 kg H_2 erfordern 5,55 h_1 cbm O_2 u. erz. 11,1 h_1 cbm H_2O;
3. $2\,Fe + O_2 = 2\,FeO$; d. h.
   2 · 56 kg Fe erfordern 2 · 16 kg O_2,
   f_1 kg Fe erfordern 0,286 f_1 kg O_2 = 0,200 f_1 cbm O_2.

Also

$$O_{\min} = 1{,}866\,c_1 + 5{,}55\,h_1 + 0{,}200\,f_1 .$$

[1]) Nach Vorversuchen.

T r o c k e n e Abgasmenge von 1 kg Gesamtbrennstoff:

$$G_t = \left| \begin{array}{l} CO_2 = 1{,}866\, c_1 \text{ cbm} = k\% \text{ von } V_t \\ + N_2 = \frac{79}{21} \cdot \frac{1}{\eta} O_{\min} \\ + O_2 = \frac{1}{\eta} O_{\min} - O_{\min} = q\% \text{ von } V_t; \end{array} \right.$$

Wasserdampfvolumen:

$$H_2O = 11{,}1\, h_1 + \frac{w_1}{0{,}806} \text{ cbm};$$

CO_2-Gehalt der Verbrennungsgase:

$$k\% = \frac{100 \cdot 1{,}866\, c_1}{1{,}866\, c_1 + O_{\min}\left(\frac{4{,}76}{\eta} - 1\right)}; \quad k_{\max} = \frac{100 \cdot 1{,}866\, c_1}{1{,}866\, c_1 + 3{,}76\, O_{\min}};$$

O_2-Gehalt der Verbrennungsgase:

$$q\% = \frac{100\, O_{\min}\left(\frac{1}{\eta} - 1\right)}{1{,}866\, c_1 + O_{\min}\left(\frac{4{,}76}{\eta} - 1\right)};$$

also dieselben Formeln wie früher, nur andere Werte für $O_{\min}$.

b) Unvollkommene Verbrennung.

1. $C_2 + O_2 = 2\,CO$; d. h. (wie früher)
   c_1 kg C erfordern $0{,}933\, c_1$ cbm O_2 u. erz. $1{,}866\, c_1$ cbm CO;
2. $2\,H_2 + O_2 = 2\,H_2O$; d. h.
   h_1 kg H_2 erfordern $5{,}55\, h_1$ cbm O_2 (wie oben).
3. $2\,Fe + O_2 = 2\,FeO$; d. h.
   f_1 kg Fe erfordern $0{,}200\, f_1$ cbm O_2 (wie oben),
   $\Omega_{\min} = 0{,}933\, c_1 + 5{,}55\, h_1 + 0{,}200\, f_1$.

T r o c k e n e Abgasmenge von 1 kg Gesamtbrennstoff:

$$G_t' = \left| \begin{array}{l} CO = 1{,}866\, c_1 \text{ cbm} = p\% \text{ von } G_t' \\ + N_2 = \frac{79}{21} \cdot \frac{1}{\eta} O_{\min} \\ + O_2 = \frac{1}{\eta} O_{\min} - \Omega_{\min} = q\% \text{ von } G_t'; \end{array} \right.$$

CO-Gehalt der Verbrennungsgase:

$$p\,\% = \frac{100 \cdot 1{,}866\, c_1}{1{,}866\, c_1 + \frac{4{,}76}{\eta} \mathrm{O}_{\min} - \Omega_{\min}};$$

O_2-Gehalt der Verbrennungsgase:

$$q\,\% = \frac{100 \left(\frac{1}{\eta} \mathrm{O}_{\min} - \Omega_{\min}\right)}{1{,}866\, c_1 + \frac{4{,}76}{\eta} \mathrm{O}_{\min} - \Omega_{\min}}.$$

Für das Beispiel 18 berechnet sich:

$$\mathrm{O}_{\min} = 1{,}866 \cdot 0{,}460 + 5{,}55 \cdot 0{,}025 + 0{,}200 \cdot 0{,}387 = 1{,}075 \text{ cbm},$$

$$\Omega_{\min} = 0{,}933 \cdot 0{,}460 + 5{,}55 \cdot 0{,}025 + 0{,}200 \cdot 0{,}387 = 0{,}645 \text{ cbm},$$

$$k_{\max} = \frac{100 \cdot 1{,}866 \cdot 0{,}460}{1{,}866 \cdot 0{,}460 + 3{,}76 \cdot 1{,}075} = 16{,}9\% \text{ für } \eta = 1{,}0.$$

Kohlenoxydgehalt für $\eta = 1{,}0$:

$$p = \frac{100 \cdot 1{,}866 \cdot 0{,}460}{1{,}866 \cdot 0{,}460 + 4{,}76 \cdot 1{,}075 - 0{,}645} = 16{,}0\,\%.$$

Zugehöriger Sauerstoffgehalt:

$$q = \frac{100\,(1{,}075 - 0{,}645)}{1{,}866 \cdot 0{,}460 + 4{,}76 \cdot 1{,}075 - 0{,}645} = 8{,}0\,\%.$$

Das vollständige Abgasschaubild zeigt Abb. 7; die Punkte I bis XI sind Analysenpunkte der Verbrennungsgase an verschiedenen Meßstellen des Ofens.

Berechnung der theoretischen Flammentemperatur. Verbrennt 1 kg fester oder flüssiger Brennstoff oder 1 kg Frischgas von t_g° mit L kg Luft von t_l° zu G kg Gas von t°, und bezeichnet man die mittlere spezifische Wärme des Frischgases mit c_{pg}, die der Luft mit c_{pl} und die des Verbrennungsgases mit c_{pv}, sowie den unteren Heizwert des Frischgases mit H_u, dann ist allgemein:

Heizwert + fühlbare Wärme des Brennstoffes + fühlbare Wärme der Luft = Wärmeinhalt der Verbrennungsgase, also

$$1 \cdot H_u + 1 \cdot c_{pg} \cdot t_g + L\, c_{pl}\, t_l = G\, c_{pv}\, t.$$

Hieraus berechnet sich die theoretische Verbrennungstemperatur zu

$$t = \frac{H_u + c_{pg} t_g + L\, c_{pl} t_l}{G\, c_{pv}} \quad . \quad . \quad . \quad . \quad \text{(Gl. 32)}$$

Bei festen und flüssigen Brennstoffen kann das Glied $c_{pg} \cdot t_g$ vernachlässigt werden.

a) Der Heizwert H_u wird entweder nach Gl. (7) oder (8) (S. 26 u. 27) berechnet oder kalorimetrisch ermittelt.

b) Die spezifischen Wärmen c_{pg}, c_{pl} und c_{pv} werden nach Zahlentafel 2 und S. 11 berechnet, wenn die chemische Zusammensetzung des Frischgases und der Verbrennungsgase bekannt ist.

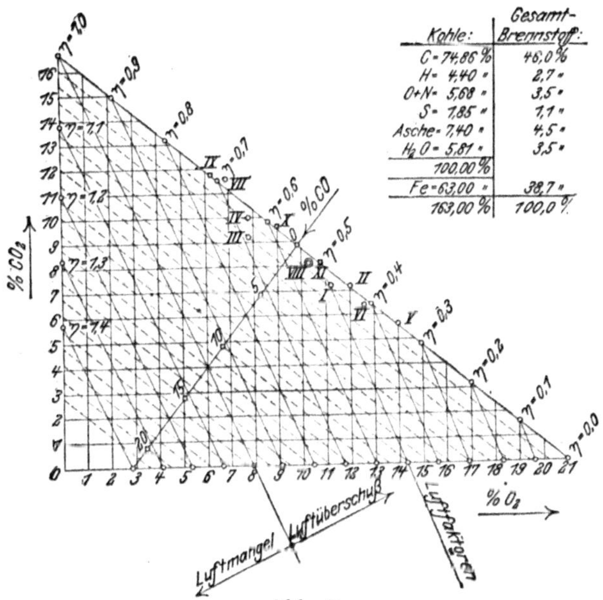

Abb. 7.

c) Die theoretische Luftmenge L_{th} wird für feste und flüssige Brennstoffe nach S. 40 berechnet aus

$$O_{min} = 1{,}866\, c_1 + 5{,}55\, h_1 \text{ cbm bei } 0^\circ \text{ und } 760 \text{ mm Q.S.} \quad \text{(Gl. 33)}$$

zu

$$L_{th} = \frac{O_{min}}{0{,}21} = 4{,}76 \cdot O_{min} \text{ cbm oder } = 4{,}76 \cdot 1{,}2928 \cdot O_{min} \text{ kg.} \quad \text{(Gl. 34)}$$

Für gasförmige Brennstoffe ist nach S. 48

$$O_{min} = 0{,}5\, h_1 + 0{,}5\, p_1 + 2\, v_1 + 3\, r_1 + 2{,}5\, s_1' - q_1 \text{ cbm} \quad \text{(Gl. 35)}$$

und wieder

$$L_{th} = \frac{O_{min}}{0{,}21} = 4{,}76 \cdot O_{min} \text{ cbm oder } = 4{,}76 \cdot 1{,}2928 \cdot O_{min} \text{ kg.} \quad \text{(Gl. 36)}$$

Die wirkliche Luftmenge (entsprechend dem Luftfaktor η) ist dann

$$\left.\begin{aligned} L &= \frac{1}{\eta} L_{\text{th}} = \frac{4{,}76}{\eta} \mathrm{O}_{\min} \text{ cbm} \\ \text{oder} \quad &= \frac{4{,}76}{\eta} \cdot 1{,}2928 \cdot \mathrm{O}_{\min} \text{ kg}, \end{aligned}\right\} \quad \ldots \ldots \text{(Gl. 37)}$$

wobei η vorläufig unbekannt ist.

d) Das Volumen der Verbrennungsgase ist für feste und flüssige Brennstoffe nach Gl. (18) (S. 41)

$$G_g = 1{,}866\, c_1 + \mathrm{O}_{\min}\left(\frac{4{,}76}{\eta} - 1\right) + 11{,}1\, h_1' + \frac{w_1}{0{,}806} \text{ cbm}, \qquad \text{(Gl. 38)}$$

für gasförmige Brennstoffe nach Gl. (25) (S. 49)

$$G_g = A + n_1 + \mathrm{O}_{\min}\left(\frac{4{,}76}{\eta} - 1\right) + (h_1 + 2v_1 + 2r_1 + s_1) \text{ cbm}. \quad \text{(Gl. 39)}$$

Die zugehörigen Gewichte erhält man durch Multiplikation der in den Zusammenstellungen S. 40 und 48 enthaltenen Volumanteile an CO_2, N_2, O_2 und H_2O mit ihren spezifischen Gewichten bei 0° und 760 mm QS.

Bei Zufuhr von genau der theoretischen Luftmenge ergibt sich G_g mit $\eta = 1{,}0$. Ist jedoch durch Abgasanalyse der CO_2-Gehalt zu k% und der O_2-Gehalt zu q% festgestellt, und hat man sich durch Eintragen dieser Werte in das Schaubild davon überzeugt, daß die Verbrennung vollkommen ist, dann läßt sich η für feste und flüssige Brennstoffe aus Gl. (19) (S. 41) für gasförmige Brennstoffe aus Gl. (26) (S. 49) berechnen.

Es ergibt sich:

1. Für feste und flüssige Brennstoffe aus Gl. (19):

$$\frac{4{,}76}{\eta} - 1 = \frac{1{,}866\, c_1 (100 - k)}{k \cdot \mathrm{O}_{\min}} \quad \ldots \ldots \text{(Gl. 40)}$$

und

$$\frac{4{,}76}{\eta} = \frac{1{,}866\, c_1 (100 - k)}{k \cdot \mathrm{O}_{\min}} + 1 \quad \ldots \ldots \text{(Gl. 41)}$$

Gl. (41) in Gl. (37) eingesetzt, gibt die wirkliche Luftmenge

$$\mathbf{L = 1{,}866 \frac{c_1}{k} (100 - k) + O_{\min} \text{ cbm}.} \quad \ldots \text{(Gl. 42)}$$

Gl. (40) in Gl. (38) eingesetzt, gibt mit Weglassung des Wasserdampfes die trockene Verbrennungsgasmenge

$$G_t = 186{,}6\,\frac{c_1}{k}\left(\text{oder auch } \frac{1}{0{,}536}\cdot\frac{100\,c_1}{k}\right)\text{ cbm;} \qquad \text{(Gl. 43)}$$

dazu kommen für je 1 kg Brennstoff an Wasserdampf

$$H_2O = 11{,}1\,h_1' + \frac{w_1}{0{,}806}\text{ cbm}$$

oder

$$H_2O = 8{,}93\,h_1' + w_1\text{ kg} \; . \; . \; . \; . \; . \; . \qquad \text{(Gl. 44)}$$

Bezeichnet man die mittlere spezifische Wärme der trockenen Verbrennungsgase mit c_{pv} WE/cbm und die des Wasserdampfes mit c_{pw} WE/kg, dann ist bei t° der Wärmeinhalt der aus 1 kg Brennstoff erzeugten Verbrennungsgase

$$J = \left[186{,}6\,\frac{c_1}{k}\,c_{pv} + (8{,}93\,h_1' + w_1)\,c_{pw}\right]\cdot t\,. \qquad \text{(Gl. 45)}$$

Setzt man überschlägig

$$c_{pv} = 0{,}32\text{ WE/cbm,}$$
$$c_{pw} = 0{,}48\text{ WE/kg,}$$
$$c_1 = \frac{C}{100} \quad (C\text{ in }\%),$$
$$h_1' = \frac{H}{100} \quad (\text{H in }\%),$$
$$w_1 = \frac{W}{100} \quad (W\text{ in }\%),$$

dann geht Gl. (45) über in die bekannte Buntesche Formel:

$$J = \left(0{,}32\,\frac{C}{0{,}536\,k} + 0{,}48\,\frac{9\,H + W}{100}\right)t \; . \; . \; . \qquad \text{(Gl. 45a)}$$

Aus Gl. (32) (S. 58) ergibt sich in Verbindung mit Gl. (45) die theoretische Verbrennungstemperatur

$$t = \frac{H_u + L\,c_{pl}\,t_l}{186{,}6\,\frac{c_1}{k}\,c_{pv} + (8{,}93\,h_1' + w_1)\,c_{pw}} \; . \; . \qquad \text{(Gl. 46)}$$

2. Für gasförmige Brennstoffe:

Aus Gl. (26) (S. 49) ergibt sich

$$\frac{4{,}76}{\eta} - 1 = \frac{100\,A - k\,(A + n_1)}{k\,O_{min}} \quad . \; . \; . \; . \; (Gl. 47)$$

und

$$\frac{4{,}76}{\eta} = \frac{100\,A - k\,(A + n_1)}{k\,O_{min}} + 1, \quad . \; (Gl 48)$$

worin, wie früher,

$$A = p_1 + v_1 + k_1 + 2\,r_1 + 2\,s_1$$

ist.

Gl. (48) in Gl. (37) eingesetzt, gibt die wirkliche Luftmenge für 1 cbm Frischgas

$$\left.\begin{array}{l} \boldsymbol{L = 100\frac{A}{k} - (A + n_1) + O_{min}\,\text{cbm}} \\ \text{bei } 0^\circ \text{ und 760 mm QS.} \end{array}\right\} \quad . \; . \; (Gl. 49)$$

Gl. (47) in Gl. (39) eingesetzt, gibt die Verbrennungsgasmenge für 1 cbm Frischgas

$$\left.\begin{array}{l} \boldsymbol{G_g = 100\frac{A}{k} + (h_1 + 2\,v_1 + 2\,r_1 + s_1)\,\text{cbm}} \\ \text{bei } 0^\circ \text{ und 760 mm QS.} \end{array}\right\} \; (Gl. 50)$$

Bezeichnet man die mittlere spezifische Wärme der trockenen Verbrennungsgase mit c_{pv} WE/cbm und die des Wasserdampfes mit c_{pw} WE/**cbm**, dann ist bei t° der Wärmeinhalt der aus 1 cbm Frischgas erzeugten Verbrennungsgase

$$\boldsymbol{J = \left[100\frac{A}{k}\cdot c_{pv} + (h_1 + 2v_1 + 2r_1 + s_1)\,c_{pw}\right]\cdot t} \; . \; . \; (Gl. 51)$$

Aus Gl. (32) (S. 58) ergibt sich in Verbindung mit Gl. (51) die theoretische Verbrennungstemperatur

$$\boldsymbol{t = \frac{H_u + c_{pg}\,t_g + L\,c_{pl}\,t_l}{100\frac{A}{k}\,c_{pv} + (h_1 + 2v_1 + 2r_1 + s_1)\,c_{pw}}} \; . \; (Gl. 52)$$

Da in den Gl. (46) und (52) die spezifischen Wärmen c_{pv} und c_{pw} von der gesuchten Temperatur t abhängig sind, ist t versuchsweise abzuschätzen und c_{pv} und c_{pw} nach Zahlentafel 2 (S. 12) anzunehmen; stimmt der so berechnete Wert t mit dem angenommenen t nicht überein, dann ist die Rechnung mit neuen Werten von c_{pv} und c_{pw} so lange zu wiederholen, bis genügende Übereinstimmung erzielt ist.

Die durch Messung festzustellende wirkliche Flammentemperatur ist immer kleiner, als sich nach Gl. 52 ergibt, weil ein Teil der Wärme durch Strahlung an die Umgebung des Feuerraumes übergeht.

Beispiel 19. Für Steinkohle von folgender Zusammensetzung:

$$\begin{array}{rcll} C & = & 73{,}34\%; & \text{also } c_1 = 0{,}7334 \text{ kg} \\ H_2 & = & 5{,}08\,\text{,,} & \text{,,} \quad h_1' = 0{,}0508 \text{ ,,} \\ O_2 & = & 7{,}89\,\text{,,} & \text{,,} \quad q_1 = 0{,}0789 \text{ ,,} \\ S & = & 1{,}04\,\text{,,} & \\ N_2 & = & 1{,}00\,\text{,,} & \\ H_2O & = & 4{,}34\,\text{,,} & \text{,,} \quad w_1 = 0{,}0434 \text{ ,,} \\ \text{Asche} & = & 7{,}31\,\text{,,} & \\ & & 100{,}00\% & \end{array} \quad \left.\begin{array}{l} h_1' \\ q_1 \end{array}\right\} h_1 = 0{,}0408 \text{ kg}$$

ist die theoretische Verbrennungstemperatur zu berechnen, wenn die Luft kalt zugeführt wird, die Verbrennung vollkommen ist und

a) genau die zur vollkommenen Verbrennung erforderliche Luftmenge zugeführt wird (also $\eta = 1{,}0$);

b) der durch Abgasanalyse festgestellte CO_2-Gehalt $k = 10{,}0\%$ und der O_2-Gehalt $q = 9{,}0\%$ beträgt.

a) In Gl. (46) (S. 61) ist einzusetzen:

unterer Heizwert (nach S. 26)

$$\mathbf{H_u} = 8100 \cdot 0{,}7334 + 29000 \left(0{,}0508 - \frac{0{,}0789}{8}\right) + 2500 \cdot 0{,}0104 - 600 \cdot 0{,}0434 = \mathbf{7124} \text{ WE/kg}.$$

Das Glied $L c_{pl} t_l$ kann wegen kalter Luftzufuhr vernachlässigt werden.

Nach Gl. (33) (S. 59) ist:

$$O_{min} = 1{,}866 \cdot 0{,}7334 + 5{,}55 \cdot 0{,}0408 = 1{,}596 \text{ cbm}.$$

Nach Gl. (19a) (S. 41) ist:

$$k_{max} = \frac{100 \cdot 1{,}866 \cdot 0{,}7334}{1{,}866 \cdot 0{,}7334 + 3{,}76 \cdot 1{,}596} = 18{,}6\,\%.$$

Trockene Verbrennungsgasmenge (Gl. 43) (S. 61):

$$G_t = 186{,}6 \frac{0{,}7334}{18{,}6} = \mathbf{7{,}35} \text{ cbm}.$$

Wasserdampfmenge Gl. (44) (S. 61):

$$H_2O = 8{,}93 \cdot 0{,}0508 + 0{,}0434 = \mathbf{0{,}50} \text{ kg}.$$

Zur Berechnung der spezifischen Wärme c_{pv} wird die Verbrennungstemperatur t schätzungsweise zu 2000° angenommen und die trockene Verbrennungsgasmenge nach ihren Bestandteilen ausgeschieden:

$CO_2 = 18{,}6\% = 0{,}186$ cbm; $c_p = 0{,}556$ WE/cbm (nach Zahlentafel 2);
$N_2 = 81{,}4$,, $= 0{,}814$,, ; $c_p = 0{,}353$,, ;

also

$$c_{pv} = 0{,}556 \cdot 0{,}186 + 0{,}353 \cdot 0{,}814 = \mathbf{0{,}390} \text{ WE/cbm};$$
$$c_{pw} = \mathbf{0{,}578} \text{ WE/kg (nach Zahlentafel 2 S. 12)}.$$

Demnach:

$$t = \frac{7124}{7{,}35 \cdot 0{,}390 + 0{,}50 \cdot 0{,}578} = 2260^\circ.$$

Die spezifischen Wärmen werden für $t = 2200^\circ$ neu eingesetzt; es ist nach Zahlentafel 2 für

$$\left.\begin{array}{r} CO_2 : c_p = 0{,}562 \\ N_2 : c_p = 0{,}358 \end{array}\right\} c_{pv} = 0{,}562 \cdot 0{,}186 + 0{,}358 \cdot 0{,}814 = 0{,}397 \text{ WE/cbm}$$

$$H_2O : c_{pw} = 0{,}603 \text{ WE/kg};$$

also

$$t = \frac{7124}{7{,}35 \cdot 0{,}397 + 0{,}50 \cdot 0{,}603} = \mathbf{2210}^\circ.$$

Spezifisches Gewicht der trockenen Verbrennungsgase bei 0° und 760 mm QS.:

$$\gamma = 1{,}9652 \cdot 0{,}186 + 1{,}2542 \cdot 0{,}814 = 1{,}386 \text{ kg/cbm}.$$

Gewicht der von 1 kg Kohle erzeugten gesamten Verbrennungsgase:

$$G_t \cdot \gamma + H_2O = 7{,}35 \cdot 1{,}386 + 0{,}50 = \mathbf{10{,}7} \text{ kg}.$$

Luftmenge für 1 kg Kohle

nach Gl. (37) (S. 60):

$$L = 4{,}76 \cdot 1{,}596 = 7{,}60 \text{ cbm} \quad \text{oder} \quad 7{,}60 \cdot 1{,}293 = \mathbf{9{,}83} \text{ kg},$$

nach Gl. (42) (S. 60):

$$L = 1{,}866 \frac{0{,}7334}{18{,}6}(100 - 18{,}6) + 1{,}596 = 7{,}58 \text{ cbm} = 9{,}8 \text{ kg}.$$

b) In Gl. (46) (S. 61) ist einzusetzen:

$$H_u = 7124 \text{ WE (wie oben)},$$

$$k = 10{,}0\,\% \text{ (gegeben)};$$

also

$$N_2 + O_2 = 90{,}0\,\%,$$

$$G_t = 186{,}6 \frac{0{,}7334}{10{,}0} = \mathbf{13{,}7} \text{ cbm},$$

$$H_2O = 0{,}50 \text{ kg (wie oben)},$$

t vorläufig zu 1500° geschätzt.

Spezifische Wärmen für

$$CO_2 : c_p = 0{,}536 \text{ WE/cbm},$$

$$N_2 \text{ und } O_2 : c_p = 0{,}342 \quad \text{,,} \quad ,$$

$$H_2O : c_{qw} = 0{,}527 \text{ WE/kg},$$

$$c_{pv} = 0{,}536 \cdot 0{,}10 + 0{,}342 \cdot 0{,}90 = 0{,}361 \text{ WE/cbm},$$

$$t = \frac{7124}{13{,}7 \cdot 0{,}361 + 0{,}50 \cdot 0{,}527} = 1370^\circ.$$

Die spezifischen Wärmen werden für 1400° neu eingesetzt. Es ist für

$$\left.\begin{array}{r} CO_2 : c_p = 0{,}530 \\ N_2 \text{ und } O_2 : c_p = 0{,}340 \end{array}\right\} c_{pv} = 0{,}530 \cdot 0{,}10 + 0{,}340 \cdot 0{,}90 = 0{,}359 \text{ WE/cbm},$$

$$H_2O : c_{pw} = 0{,}530,$$

$$t = \frac{7124}{13{,}7 \cdot 0{,}359 + 0{,}50 \cdot 0{,}530} = \mathbf{1375}^\circ.$$

Spezifisches Gewicht der trockenen Verbrennungsgase bei 0° und 760 mm QS:

$$\gamma = 1{,}9652 \cdot 0{,}10 + 1{,}4292 \cdot 0{,}09 + 1{,}2542 \cdot 0{,}81 = 1{,}34 \text{ kg/cbm}.$$

Gewicht der von 1 kg Kohle erzeugten Verbrennungsgase:

$$G_t \cdot \gamma + H_2O = 13{,}7 \cdot 1{,}34 + 0{,}50 = \mathbf{18{,}9} \text{ kg}.$$

Luftmenge für 1 kg Kohle nach Gl. (42) (S. 60):

$$L = 1{,}866 \frac{0{,}7334}{10{,}0}(100 - 10{,}0) + 1{,}596 = 13{,}92 \text{ cbm} = \mathbf{18{,}0} \text{ kg}$$

$$L_{\text{th}} = 4{,}76 \cdot 1{,}596 = 7{,}59 \text{ cbm Gl. (34) (S. 59); also } \eta = \frac{7{,}59}{13{,}92} = 0{,}55\,.$$

Beispiel 20. Für trockenes Gichtgas von folgender Zusammensetzung:

$H_2 =$ 2,6%;	also	$h_1 = 0{,}026$	cbm
$CO =$ 32,5 „	„	$p_1 = 0{,}325$	„
$CO_2 =$ 6,2 „	„	$k_1 = 0{,}062$	„
$N_2 =$ 58,7 „	„	$n_1 = 0{,}587$	„
100,0%		1,000	cbm

ist die theoretische Verbrennungstemperatur zu berechnen, wenn das Gas kalt zugeführt und die Verbrennungsluft auf 500° vorgewärmt wird und die Abgasanalyse $CO_2 = 20{,}0\%$ und $O_2 = 4{,}0\%$ bei vollkommener Verbrennung ergab.

In Gl. (52 S. 62) ist einzusetzen:

$H_u = 2580 \cdot 0{,}026 + 3050 \cdot 0{,}325 = \mathbf{1058}$ WE/cbm bei 0° und 760 mm QS nach Gl. (8) (S. 27).

Das Glied $c_{pg}\, t_g$ kann wegen Zufuhr kalten Gases vernachlässigt werden

$$O_{\min} = 0{,}5 \cdot 0{,}026 + 0{,}5 \cdot 0{,}325 = 0{,}176 \text{ cbm nach Gl. (35) (S. 59)},$$

$$A = 0{,}325 + 0{,}062 = 0{,}387 \text{ cbm nach Gl. (48) (S. 62)},$$

$$L = 100 \frac{0{,}387}{20{,}0} - (0{,}387 + 0{,}587) + 0{,}176 = \mathbf{1{,}137} \text{ cbm Gl. (49 S. 62)},$$

$$L_{\text{th}} = 4{,}76 \cdot 0{,}176 = 0{,}837 \text{ cbm (Gl. 36, S. 59); also } \eta = \frac{0{,}837}{1{,}137} = 0{,}74,$$

$$G_g = 100 \frac{0{,}387}{20{,}0} + 0{,}026 = \underbrace{1{,}935}_{\text{trocken}} + \underbrace{0{,}026}_{H_2O} = \mathbf{1{,}961} \text{ cbm Gl. (50) (S. 62)}.$$

$c_{pl} = 0{,}322$ WE/cbm bei 500° nach Zahlentafel 2 (S. 12), t schätzungsweise zu 1500° angenommen.

Die spezifischen Wärmen sind für

$$\left.\begin{array}{r} CO_2 : c_p = 0{,}536 \text{ WE/cbm} \\ N_2 \text{ und } O_2 : c_p = 0{,}342 \quad „ \end{array}\right\} \begin{array}{l} c_{pv} = 0{,}536 \cdot 0{,}20 + 0{,}342 \cdot 0{,}80 \\ \quad = 0{,}381 \text{ WE/cbm} \end{array}$$

$$H_2O : c_{pw} = 0{,}425 \quad „$$

also

$$t = \frac{1058 + 1{,}137 \cdot 0{,}322 \cdot 500}{1{,}935 \cdot 0{,}381 + 0{,}026 \cdot 0{,}425} = 1660°.$$

Die spezifischen Wärmen werden für $t = 1600°$ neu eingesetzt; es ist für

$$\left.\begin{aligned} CO_2 : c_p &= 0{,}541 \\ N_2 \text{ und } O_2 : c_p &= 0{,}344 \end{aligned}\right\} c_{pv} = 0{,}541 \cdot 0{,}20 + 0{,}344 \cdot 0{,}80 = 0{,}383 \text{ WE/cbm},$$

$$H_2O : c_{pw} = 0{,}431 \text{ WE/cbm};$$

also

$$t = \frac{1058 + 1{,}137 \cdot 0{,}322 \cdot 500}{1{,}935 \cdot 0{,}383 + 0{,}026 \cdot 0{,}431} = \mathbf{1650°}.$$

Zum Vergleich sei t für den Fall berechnet, daß genau die theoretische Luftmenge zugeführt wurde, also mit $\eta = 1{,}0$.

$$L_{th} = 0{,}837 \text{ cbm (wie oben)}$$

$$k = k_{max} = \frac{100 \cdot 0{,}387}{0{,}387 + 0{,}587 + 3{,}76 \cdot 0{,}176} = 23{,}7\% \text{ (Gl. 26a S. 49)}$$

$$G_g = 100 \frac{0{,}387}{23{,}7} + 0{,}026 = \underbrace{1{,}635}_{\text{trocken}} + \underbrace{0{,}026}_{H_2O} = 1{,}661 \text{ cbm}.$$

Die spezifischen Wärmen sind für eine angenommene Temperatur $t = 1800°$ und

$$\left.\begin{aligned} CO_2 : c_p &= 0{,}550 \\ N_2 : c_p &= 0{,}349 \end{aligned}\right\} c_{pv} = 0{,}550 \cdot 0{,}237 + 0{,}349 \cdot 0{,}763 = 0{,}396 \text{ WE/cbm},$$

$$H_2O : c_{pw} = 0{,}446;$$

also

$$t = \frac{1058 + 0{,}837 \cdot 0{,}322 \cdot 500}{1{,}635 \cdot 0{,}396 + 0{,}026 \cdot 0{,}446} = \mathbf{1810°}.$$

IV. Untersuchung der Verbrennungsgase[1].

Bei der heutigen Kohlennot ist die laufende Untersuchung sämtlicher Feuerungen kohlenverbrauchender Werke von der größten Bedeutung. Kohle wird nicht nur durch Aufstellung von Einrichtungen zur Ausnützung von Abwärme, wie Rauchgasvorwärmer, Abhitzekessel, Abdampfturbinen, Abwärmeheizungen usw. gespart, sondern auch besonders durch sparsamen Betrieb der Feuerung selbst, namentlich durch richtige Bemessung der zugeführten Luftmenge. Wo solche Arbeiten noch nicht in dauernder Regelmäßigkeit vorgenommen werden, ist es zweifellos, daß durch die Untersuchungen eine Reihe von Fehlern aufgedeckt werden, die sich in vielen Fällen ohne große Mühe und Kosten abstellen lassen; in anderen Fällen ergibt die Untersuchung, in welcher Weise man am besten die bisher vergeudeten Wärmemengen ausnützen kann. Leider ist die Untersuchung, namentlich die

---

[1] Siehe auch des Verfassers „Anleitung zur Durchführung von Versuchen an Dampfkesseln usw.". 6. Aufl. Springer, Berlin 1921.

Gasanalyse nicht ganz einfach. Es muß auf eine beträchtliche Reihe von Fehlerquellen geachtet werden, ohne deren genaue Kenntnis falsche Ergebnisse nicht zu vermeiden sind. Die Mittel zu einwandfreien Messungen werden im folgenden angegeben.

Zweck der Untersuchung ist die Feststellung, ob bei einer Feuerung beliebiger Art vermeidbare Verluste durch zu hohe Abgastemperatur oder durch schlechte Verbrennung (zu viel oder zu wenig Luft oder schlechte Mischung von Luft und Brenngas) entstehen. Es ist also zu messen

1. die Temperatur der Abgase,
2. die Zusammensetzung der Abgase,
3. die Zugstärke.

a) **Temperaturmessung.** Für einfachste Untersuchungen im Fuchs und bei normaler Abgastemperatur, z. B. bei Dampfkesseln, genügen:

α) Quecksilberthermometer mit Stickstoffüllung, so lang, daß die Ablesung möglich ist, ohne daß das Thermometer herausgezogen werden muß (1,5 bis 2 m). Schutzhülse aus Messing mit zweiseitiger Durchbrechung an der Skala (von hinten zu beleuchten), Verstärkungen der langen Stege und Bohrungen bei der Quecksilberkugel, oben mit Ring zum Aufhängen. Die Durchbrechungen der Schutzhülse müssen so lang sein, daß der Nullpunkt der Skala jederzeit sichtbar ist und nachgeprüft werden kann. Brauchbar bis 550°, leicht nachprüfbar, etwas träge, empfindlich gegen unvorsichtige Behandlung. Die gewöhnlichen käuflichen Thermometer erfüllen diese Anforderungen häufig nicht; deshalb empfiehlt es sich, bei Bestellungen besonders darauf hinzuweisen.

Sind höhere Temperaturen der Abgase zu erwarten (was bei vielen Feuerungen vorkommt, aber stets große unnötige Verluste bedeutet), so kommen in Betracht:

β) Graphitpyrometer mit Zeigerskala bis 1000°; die Wirkungsweise beruht auf dem Unterschied der Wärmedehnung eines Eisenrohres gegenüber einem sich fast gar nicht ausdehnenden Graphitstab; sehr träge und häufig auch ungenau; genügt für angenäherte Messungen; ist derb gebaut und verträgt etwas unvorsichtige Behandlung, ist aber nicht bruchsicher gegen Stöße;

γ) Stahlrohr-Quecksilberthermometer mit Manometerfeder und Zeigerskala, liegt in seinen Eigenschaften zwischen α) und β).

Gut, aber teuer sind:

δ) Elektrische Widerstandsthermometer bis 900°; ihre Wirkungsweise beruht darauf, daß der Widerstand einer in die Meßstelle eingebrachten, in Quarzglas eingeschmolzenen Platinspirale sich mit steigender Temperatur vergrößert. Den Strom liefert eine Batterie von Trockenelementen oder Akkumulatoren, seine Stärke wird an der in Thermometergrade eingeteilten Skala eines Galvanometers abgelesen. Vorteile: Messung an sonst schwer zugänglichen Stellen möglich, für mehrere Meßstellen genügt ein Galvanometer mit Umschalter. Empfindlichkeit etwa gleich der eines Quecksilberthermometers. Sie werden auch mit selbsttätiger Schreibvorrichtung bis 6 Meßstellen ausgeführt.

Den Widerstandsthermometern stehen etwa gleich:

ε) Thermoelektrische Pyrometer, bestehend aus zwei zusammengelöteten, voneinander elektrisch isolierten Drähten aus verschiedenen Metallen, die einen mit der Temperatur an der Lötstelle an Spannung steigenden Thermostrom erzeugen, dessen Stärke mit einem Galvanometer gemessen wird. Die Isolierung und der Schutz der Lötstelle richtet sich nach der zu messenden Temperatur. Fast gleichzeitiges Messen an mehreren Stellen wie bei δ) möglich.

1. Kupferkonstantan-Element bis 350°. Lötstelle braucht nicht geschützt zu werden, Isolierung durch Umwickeln mit Asbestschnur, das Ganze in Eisenrohr gesteckt. Die Skala eines beliebigen, aber genügend weit ausschlagenden Galvanometers wird durch Vergleich der Ausschläge mit den Angaben eines Quecksilberthermometers geeicht, dessen Kugel mit der Lötstelle zusammen in einem auf 350° erhitzten Ölbad steckt. Eichung nur bei fallender Temperatur vornehmen, Quecksilberfaden darf nur wenig herausragen. Das Pyrometer folgt den Temperaturschwankungen fast augenblicklich.

2. Eisenkonstantan-Element bis 800°. Eigenschaften ähnlich wie bei 1.

3. Nickel-Nickelchrom-Element bis 1100°. Isolierung durch Quarzrohr in Eisen- oder Schamotte-Rohr. Trägheit etwas größer als bei 1. und 2. Die freien Enden sind durch sog. Kompensationsleitungen aus demselben Metall so weit zu verlängern, daß sie dem Bereich von höheren Temperaturen entzogen werden.

4. Platin-Platinrhodium-Element bis 1600°. Isolierung durch Rohre aus Quarz oder Marquardscher Masse in Schamotterohr. Trägheit wie bei 3. Sehr teuer.

Die Elemente unter 2. bis 4. gibt es nur in Verbindung mit dazu passendem, in Grade geteilten Galvanometer.

ζ) Optische Pyrometer kommen nur bei Untersuchung glühender Körper in Betracht. Am meisten verbreitet sind:

1. Das Wannersche Pyrometer. Im Gesichtsfeld eines Prismenrohres werden zwei zunächst verschieden helle Halbkreise sichtbar, sobald man das Rohr auf einen glühenden Körper richtet. Der eine Halbkreis rührt von dem letzteren her, der zweite von einer kleinen Glühlampe, die im Innern des Rohres angebracht ist und von einem tragbaren Akkumulator gespeist wird. Durch Drehen eines Prismas wird die Helligkeit des ersten Halbkreises so lange verändert, bis der ganze Kreis gleichmäßige Helligkeit besitzt. Die zugehörige Temperatur wird an der Skala abgelesen.

2. Das Pyrometer von Holborn und Kurlbaum. Der Faden der Vergleichsglühlampe hebt sich zunächst von dem durch den glühenden Körper erzeugten Gesichtsfeld ab. Durch Verändern der Stromstärke mittels eines Widerstandes wird die Helligkeit der Glühlampe so lange verändert, bis sich ihr Faden nicht mehr vom Gesichtsfeld abhebt. An der Skala des Strommessers wird dann die Temperatur abgelesen.

b) **Messung der Zusammensetzung der Abgase.** Meist genügt die Bestimmung von Kohlensäure (CO_2) und Sauerstoff (O_2). Die Bestimmung von Kohlenoxyd wäre zwar sehr wichtig, ihre fehlerlose Durchführung ist jedoch sehr umständlich und soll daher bei der normalen betriebsmäßigen Untersuchung nicht vorgenommen werden. CO wird zweckmäßig zusammen mit dem Luftfaktor aus einem Abgasschaubild abgelesen.

Zur Untersuchung auf CO_2 und O_2 genügt ein Orsat-Apparat mit drei Absorptionsgefäßen, von denen das dritte als Reservegefäß dient.

Absorptionsmittel für CO_2: Kalilauge KOH, hergestellt aus 100 Gewichtsteilen Ätzkali K_2O und 200 Gewichtsteilen destillierten Wassers. Erkennungszeichen für genügende Absorptionsfähigkeit: Nach zweimaligem Überleiten CO_2 feststellen und dann nochmals Gasrest in die Kalilauge treiben und CO_2 nochmals feststellen; dieser Wert darf von dem vorher ermittelten nicht mehr abweichen. Wenn durch Unvorsichtigkeit auch nur Spuren von Kalilauge in das Sperrwasser gelangt sind, dann wird die CO_2-Bestimmung falsch. Färbt man das Sperrwasser mit etwas Methyl-Orange, dann wird dieses bei Eintritt von Kalilauge gelb und zeigt somit an, daß die Messungen falsch sind.

Absorptionsmittel für O_2:

Entweder folgende Mischung:

15 bis 20 g pulverförmige Pyrogallussäure in 200 ccm Kalilauge von der obigen Zusammensetzung oder Phosphor in Stängchenform.

Erstere Mischung ist nur einige Tage brauchbar und soll im Apparat durch eine über die Austrittsöffnung des Absorptionsgefäßes gestülpte Gummiblase vor Luftzutritt geschützt werden. Die Blase kann jedoch bei der Ausführung von Analysen hinderlich werden. Erkennungszeichen für genügende Absorptionsfähigkeit: Lufteinsaugen bis zum untersten Skalenpunkt der Meßbürette, nach 5—8 maliger Absorption O_2-Gehalt ablesen, muß genau 21% ergeben.

Bei Verwendung von Phosphor (stark giftig) setzt man den Gasrest drei Minuten lang dem Phosphor aus. Phosphor gerät an der Luft leicht in Brand, darf nur mit der Pinzette angefaßt, nur unter Wasser zerschnitten und der Luft nur so lange ausgesetzt werden, als zum Überführen in das mit Wasser gefüllte Absorptionsgefäß notwendig ist. Phosphor absorbiert bei Temperaturen unter + 7° nicht mehr, ebenso bei Anwesenheit von schweren Kohlenwasserstoffen und Öl. In diesem Fall muß das Gas zuerst in rauchende Schwefelsäure geleitet werden.

Der gewöhnliche Orsatapparat ist in Abb. 8 schematisch dargestellt. Seine Handhabung ist folgende:

1. Füllen der Absorptionsgefäße. Die Gefäße a_1 und a_2 werden bei geöffneten Hähnen h_1 und h_2 mittels eines Glastrichters mit den Absorptionsflüssigkeiten bis etwa $^2/_3$ ihrer Höhe gefüllt; hierauf wird die Niveauflasche mit angesäuertem (H_2SO_4) Wasser oder Kochsalzlösung[1]) gefüllt und mittels eines Gummischlauches mit dem unteren Ende der Bürette verbunden. Dann schließt man die Hähne h_1 und h_2, füllt die Bürette durch Hochheben der Niveauflasche bis zum Ansatz des Kapillarrohres und stellt der Dreiwegehahn h_3 so, daß die Kapillarröhre r abgeschlossen ist. Durch Öffnen des Hahnes h_1 und langsames Senken der Niveauflasche zieht man die Kalilauge im Gefäß a_1 nach oben bis zum Hahn h_1, der dann geschlossen wird. Durch Wiederholung dieses Verfahrens zieht man auch den Inhalt des Gefäßes a_2 nach oben bis zum Hahn h_2.

2. Absaugen des Gases. In den letzten Feuerzug vor dem Rauchschieber (oder an einer anderen Meßstelle) steckt man ein oben zugespitztes $^3/_8$″-Gasrohr so ein, daß das untere Ende etwa

[1]) Um Absorption von CO_2 zu vermeiden.

in die Mitte des Gasstromes kommt. Das obere Ende verbindet man durch einen Gummischlauch mit dem Filter des Apparates. Um auch diesen Schlauch vor Verrußung zu schützen, kann man ein zweites Filter einschalten. Dieser Verbindungsschlauch ist vor Ausführung jeder Analyse mit frischem Gas zu füllen, was auf folgende Arten geschehen kann:

α) Mit der Bürette: Man stellt durch Drehen des Dreiwegehahnes h_3 die Verbindung zwischen der Absaugestelle und der Bürette her und zieht durch Senken der Niveauflasche Gas in die Bürette, die man vorher mit letzterer ganz mit Wasser gefüllt

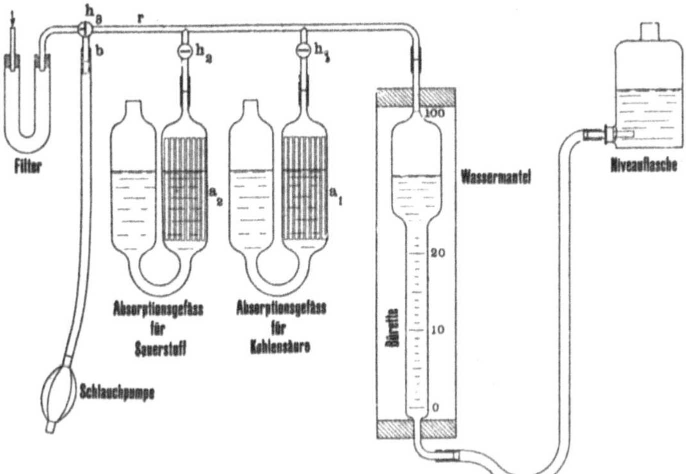

Abb. 8.

hat. Hierauf wird der Dreiwegehahn auf Verbindung der Bürette mit der Atmosphäre umgestellt, die Niveauflasche gehoben und dadurch das Gas wieder ausgetrieben. Dieses Verfahren wird so oft wiederholt, bis eine genügende Gasmenge abgesaugt ist. Bei weiten Absaugerohren und langen Verbindungsschläuchen berechnet man zweckmäßig das zwischen dem unteren Ende des Entnahmerohres und dem Orsat eingeschlossene Volumen und saugt etwa das Doppelte dieses Volumens ab, um ganz sicher frisches Gas in die Bürette zu bekommen.

β) Mit einer etwa 8 cm weiten hohen Gasglocke mit Wasserverschluß.

γ) Mit einem Aspirator, der aus zwei in verschiedener Höhe angebrachten Glasgefäßen besteht. Das obere Gefäß ist ganz mit Wasser gefüllt; sein Verschlußstöpsel enthält zwei Glasrohre, von denen das eine mit der Unterseite des Stöpsels abschneidet, das zweite fast bis zum Boden des Gefäßes reicht. Das erste Rohr wird mit der Gasabsaugestelle verbunden, durch das zweite Rohr läßt man durch einen Gummischlauch mittels Heberwirkung das Wasser in das untere Gefäß laufen. Dieses ist in genau gleicher Weise mit Stöpsel und Glasrohren versehen. Das Wasser läuft durch das lange Glasrohr ein, die Luft entweicht durch das kurze. Nach Absaugen einer genügenden Gasmenge vertauscht man die Höhenlage der beiden Gefäße, stellt die Verbindung der gasgefüllten Flasche mit dem Orsat her und drückt das Gas in die Bürette. Bei kleinem Fassungsraum der Gefäße wiederholt man das Verfahren, bevor man die endgültige Probe nimmt. Das Sperrwasser muß angesäuert oder mit Gas gesättigt oder mit einer Ölschicht überdeckt sein.

δ) Mittels der dem Orsat meistens beigegebenen Gummipumpe. Die Ventile sind jedoch meistens undicht. Zweckmäßig stülpt man über das Druckventil einen Gummischlauch, den man unter Wasser ausmünden läßt, damit keine Luft eingesaugt wird.

Will man Sammelproben[1]) entnehmen, die sich auf einen längeren Zeitraum erstrecken, dann kann man

ε) nach Verfahren γ arbeiten und das Absaugen mittels einer Schraubklemme verlangsamen, oder

ζ) einen Aspirator mit Uhrwerk (z. B. Dittmar u. Vierth, Hamburg) verwenden.

Hat man genügend Gas angesaugt, dann füllt man nach Verfahren α) die Bürette bis etwas unter den Nullpunkt mit Gas, schließt den Dreiwegehahn h_3 und untersucht durch Gleichstellen des Wasserspiegels der Niveauflasche und der Bürette, ob dieser genau auf Null einspielt. Steht der Wasserspiegel in der Bürette tiefer, dann drückt man den Überschuß nach Drehen des Dreiwegehahnes h_3 durch den Stutzen b hinaus; steht er höher, dann muß nach entsprechender Drehung von h_3 noch etwas Gas eingesaugt werden. Nun schließt man mit dem Dreiwegehahn die Röhre r ab.

3. Ausführung der Analyse. Man öffnet den Hahn h und treibt die Gasprobe durch langsames Heben der Niveauflasche in das mit Kalilauge gefüllte Gefäß a_1, das zur Vergrößerung der absorbierenden Oberfläche mit Glasröhrchen[2]) gefüllt ist, bis

[1]) Sammelproben geben nicht immer richtige Durchschnittswerte; genaue Untersuchungen erfordern zahlreiche Einzelproben.

[2]) Bei neueren Bauarten, z. B. beim Aschof-Apparat, perlt das Gas von unten nach oben durch die Absorptionsflüssigkeit.

der Wasserspiegel am oberen Bürettenende angelangt ist. Hierauf wird die Niveauflasche gesenkt, dadurch das Gas in die Bürette zurückgeleitet und die Kalilauge bis zum Hahn h_1 emporgezogen, der dann geschlossen wird. Dieses Verfahren ist zur Sicherheit zu wiederholen. Dann stellt man in der Bürette atmosphärischen Druck her, indem man die Niveauflasche so weit hebt, daß die Wasserspiegel in der Flasche und in der Bürette in dieselbe Ebene kommen und liest den Wasserstand in der Bürette ab. Diese Zahl entspricht der Volumverminderung von 100 Raumteilen Gas, also dem CO_2-Gehalt des Gases in Volumprozenten.

In der gleichen Weise erfolgt die Bestimmung des O_2-Gehaltes, nur muß man wegen der trägeren Wirkung der Pyrogallussäure die Absorption 5—8mal wiederholen. Die an der Bürette abgelesene Zahl ist dann die Summe $CO_2 + O_2$.

4. Dichtheitsprüfung des Apparates und der Schlauchleitung. Man klemmt den Schlauch unmittelbar hinter dem Entnahmerohr zu, stellt den Dreiwegehahn h_3 so, daß er die Absaugestelle mit dem Rohr r verbindet und den Stutzen b abschließt, und hebt die Niveauflasche. Der Wasserspiegel in der Bürette wird etwas steigen und muß, wenn man die Flasche in einer bestimmten Höhe festhält, stehen bleiben. Steigt der Wasserspiegel langsam weiter, so ist eine Undichtheit vorhanden, die vor der Ausführung der Analysen zu beseitigen ist.

Die Ablesungen an der Bürette erfolgen zweckmäßig am unteren Meniskus des Wasserspiegels. Wird dieser durch Ansätze in der Bürette unklar, dann spült man sie mit Chromsäure (Lösung von doppeltchromsaurem Kali und Schwefelsäure) aus. Nach Schluß jedes Versuches müssen unbedingt sämtliche Hähne und Hahngehäuse gereinigt und leicht eingefettet werden, dürfen aber nicht vertauscht werden; dasselbe hat stattzufinden, wenn aus Unvorsichtigkeit Kalilauge in die Hähne gekommen ist. Versäumt man diese Vorsichtsmaßregel, dann setzen sich die Hähne fest und sind gewöhnlich durch kein Mittel wieder gangbar zu machen. Zum Einfetten hat sich eine Mischung aus zusammengeschmolzener Vaseline und Talg bewährt.

Den CO-Gehalt kann man wie folgt feststellen:

α) Durch Eintragen der für CO_2 und O_2 gefundenen Werte in ein Abgasschaubild.

β) Durch Verbrennung mittels eines dazu geeigneten Apparates (s. Abschnitt VI, Untersuchung von Frischgasen).

γ) Durch Absorption in einem dritten Absorptionsgefäß des Orsat.

Absorptionsmittel: Ammoniakalische Kupferchlorürlösung:

1. 250 g NH_4Cl (Salmiak) in 750 ccm Wasser, dazu 100 g Cu_2Cl_2 (Kupferchlorür).

2. Die Lösung mit $^1/_3$ ihres Volumens Ammoniaklösung (NH_3) versetzen; in das Absorptionsgefäß sind außerdem Kupferspiralen oder -drähte zu bringen.

Lösung 1 ist haltbar, wenn man ihr eine Kupferspirale beifügt und wird vor Gebrauch mit Lösung 2 gemischt.

Qualitativer CO-Nachweis nach Winkler: 100 g Cu_2Cl_2 in 1 l nahezu gesättigter Kochsalzlösung in mit Gummistopfen verschlossener Flasche mit eingelegter Kupferspirale aufbewahren. Gasprobe durch einen Teil dieser Lösung leiten oder damit schütteln, dann einen Teil davon in einen Probierzylinder gießen, mit dem 4 bis 5fachen Volumen Wasser verdünnen (es scheidet sich weißes Cu_2Cl_2 ab). Dann einen Tropfen einer Auflösung von Natrium-Palladiumchlorür hineinfallen lassen. Falls die kleinste Menge CO zugegen war, augenblicklich schwarze Wolke von fein verteiltem Palladium.

Regel. Es ist streng zu vermeiden, bei Temperaturen über 500° zum Absaugen von Gasen Eisenrohre zu verwenden, weil das glühende Eisenrohr die Zusammensetzung der durchgesaugten Gasproben ändert. Man saugt dann die Gase durch ein Quarz-, Schamotte- oder Porzellanrohr oder ein wassergekühltes Eisenrohr ab. Die erstgenannten Rohre können, wenn nötig, durch ein Eisenrohr geschützt werden.

c) **Zugmessung.** Der einfachste Zugmesser ist ein U-förmig gebogenes Glasrohr, das auf einem senkrecht aufgehängten Holzbrettchen mit aufgeklebter Millimeterskala befestigt ist.

Das Röhrchen wird zur Hälfte mit Wasser gefüllt, das man durch Beifügen von etwas Methylorange oder eines Körnchens Fuchsin besser sichtbar machen kann. Die Ablesung wird erleichtert, wenn man das Röhrchen verschiebbar an der Skala anordnet, so daß bei Ablesung der tiefere Meniskus sich mit dem Nullpunkt deckt. Mißt man die Zugstärke an verschiedenen Stellen, z. B. im Feuerraum und vor dem Schieber, so kann man den Widerstand in den Feuerzügen durch Differenzbildung berechnen.

Zur genaueren Feststellung von kleinen Differenzdrücken verwendet man zweckmäßig Zugmesser mit schrägem Meßrohr; das obere Ende des letzteren wird mit der Stelle des stärkeren Zuges verbunden. Um mit der schrägen Skala richtig zu messen, muß man den Zugmesser mit einer Wasserwage einstellen. Beim

Recknagelschen Zugmesser ist die Neigung des Meßrohres verstellbar.

Zu beachten ist, daß die Skalen mancher Differenzzugmesser für die Füllung mit rotgefärbtem Alkohol (spez. Gewicht 0,8) eingerichtet sind. Verwendet man bei solchen Zugmessern Wasser, dann sind die Ablesungen mit 0,8 zu dividieren.

d) **Anbringung der Meßgeräte.** Das Absaugerohr für die Gasproben, das Rohr für den Zugmesser und das Thermometer werden mit Draht zusammengebunden, in das bei der Meßstelle vorhandene oder sauber zu schlagende Loch geschoben und sorgfältig gegen eindringende Luft durch Verstopfen des Loches mit Lehm oder Schamottemörtel geschützt. Die Meßstelle soll etwa in der Mitte des Gasstromes liegen, dessen Höhe mit einer vorher eingeschobenen Holzlatte durch Ansengen zu ermitteln ist (auf etwa wechselnde Schieberstellung achten!); werden die Rohre durch Isolierschichten hindurchgesteckt, so sind sie hauptsächlich gegen das innere Mauerwerk abzudichten, weil sonst durch Risse im äußeren Mauerwerk und durch die Isolierschicht Luft eingesaugt wird. Quecksilberthermometer müssen so weit herausragen, daß die Ablesung möglich ist, ohne daß das Thermometer herausgezogen wird, weil beim Herausziehen die Quecksilbersäule zurückgeht und die Abdichtung beschädigt wird. Liegt das ganze Bündel nicht wagerecht, dann ist es durch Festbinden mit Draht gegen Hineinrutschen zu sichern.

Sind Schläuche über heiße Stellen zu führen, dann müssen sie durch untergelegte Steine oder durch Aufhängen geschützt werden; lange Schläuche sind wegen der Gefahr der Undichtheit möglichst zu vermeiden. Entnahmerohre und Thermometer für eiserne Gasleitungen werden durch eingebrannte oder eingebohrte Löcher eingeführt und mit der Länge nach aufgeschnittenen Korkstopfen abgedichtet. Die Löcher sind nach beendigtem Versuch zu verschließen. Bei Untersuchung von Gasen, die unter Druck stehen, wie z. B. Hochofengasen oder Koksofengasen, die den Feuerungen zugeführt werden (also Frischgasen, nicht Abgasen), kann man darauf verzichten, den Orsatapparat an die Meßstelle zu bringen, und Pipetten verwenden, die man zum Laboratorium bringt; die fehlerfreie Handhabung erfordert allerdings einige Geschicklichkeit.

Als Meßstellen seien folgende empfohlen:

a) bei Dampfkesseln:

1. vor dem Schieber,
2. hinter dem Schieber,

3. am Fuß des Schornsteins,
4. vor dem Rauchgasvorwärmer (Economiser),
5. hinter dem letzteren,
6. im Feuerraum.
Temperaturmessung bei 6 mit Platin-Platinrhodiumelement oder mit optischem Pyrometer, bei 1 bis 5 mit Quecksilberthermometer oder auch mit Kupferkonstantanelement.

b) bei Martinöfen:
1. hinter den Ventilen,
2. vor dem Schornsteinschieber
(zunächst versuchsweise Graphitpyrometer, dann entweder Quecksilberthermometer oder elektrisches Instrument).

c) Bei Stoß- und Rollöfen:
1. am Ofenende; Meßrohre dürfen nur wenig in das Ofeninnere hineinragen, damit sie durch die Brammen nicht beschädigt werden (Platin-Platinrhodiumelement).
2. vor dem Schornsteinschieber (Temperaturmessungen wie bei b).

Ist ein Abhitzekessel vorhanden, dann auch
3. vor dem Abhitzekessel (Temperaturmessung wie bei b),
4. hinter demselben (Quecksilberthermometer).

d) Bei Cowpern während der Gasperiode am Abgasstutzen (Quecksilberthermometer).

e) **„Falsche“ Luft.** Zur Beurteilung des Ganges der Feuerung ist die Analyse der Verbrennungsgase im Feuerraum (oder höchstens im ersten Zug) maßgebend; bei Flammrohrkesseln genügt die Probenahme am Flammrohrende. Dagegen zur Berechnung der mit den Abgasen abgeführten Wärmemenge (Schornsteinverlust) sind die Gasproben unmittelbar vor dem Rauchschieber zu entnehmen. Gasproben, gleichzeitig an verschiedenen hintereinanderliegenden Meßstellen derselben Feuerung abgesaugt, sollten die gleichen Analysenwerte ergeben; meistens nimmt jedoch der CO_2-Gehalt nach dem Schornstein hin ab, während der O_2-Gehalt zunimmt, infolge der durch Undichtheiten des Mauerwerkes und etwaiger Verschlüsse nachgesaugten Luft (falsche oder Nebenluft). Die Menge der letzteren läßt sich aus der Verschiedenheit des CO_2-Gehaltes berechnen und soll verschwindend klein sein. Bei nennenswerten Unterschieden des CO_2-Gehaltes gleichzeitig entnommener Gasproben sind die undichten

Stellen durch sorgfältiges Ableuchten zu suchen und abzudichten, da Lufteintritt den Schornsteinzug verringert, den Schornsteinverlust vergrößert und zu falscher Beurteilung des Verbrennungsvorganges führen kann.

Nebenluft, die durch die Schieberspalten einströmt, ist so lange unschädlich, als noch Zugüberschuß vorhanden und kein Vorwärmer zwischen Schieber und Schornstein eingebaut ist. Wenn jedoch letzteres der Fall ist, dann muß auch hier das Einsaugen von Nebenluft verhindert werden (z. B. durch Blechkappe über dem Schieber oder Einbau von Klappen statt der Schieber), weil sonst die Rauchgase abgekühlt werden und der Wirkungsgrad des Vorwärmers beeinträchtigt wird.

f) **Selbsttätige CO_2-Apparate.** Diese stellen den CO_2-Gehalt meist ebenfalls durch Absorption in Kalilauge fest. Das Absorptionsgefäß ist mit einem Schreibzeug verbunden, das das Ergebnis jeder Absorption auf einem mit wagerechten Teillinien versehenen Diagrammblatt in Form eines senkrechten Striches aufzeichnet. Das Diagrammblatt wird auf den Mantel einer durch Uhrwerk bewegten Trommel gezogen. Das Absaugen des Gases, die Überführung zum Absorptionsgefäß und alle sonstigen Bewegungen werden mit Wasser und einem selbsttätigen Heber bewirkt oder auch mittels des Schornsteinzuges. Die am meisten verbreiteten Apparate sind folgende:

1. Der „Ados“-Apparat[1]) der Ados-Gesellschaft m. b. H. in Aachen. Als Sperrflüssigkeit und Ansaugemittel dient Wasser. Absorption der CO_2 in Kalilauge. Der Apparat wird auch zur gleichzeitigen Bestimmung von O_2 ausgeführt; Absorptionsmittel: Phosphorstäbchen. Er besitzt eine geteilte Meßbürette, an der das Ergebnis nach dem Aufzeichnen des Striches nochmals abgelesen werden kann (Selbstkontrolle).

2. Der Ökonograph[2]) der Feuertechnischen Gesellschaft m. b. H. in Berlin. Arbeitsweise ähnlich wie beim Ados. Das Diagrammblatt wickelt sich über zwei Trommeln.

3. Der „Debro“-Apparat von De Bruyn in Düsseldorf; arbeitet ähnlich wie der „Ados“.

4. Der Rauchgasprüfer von J. C. Eckardt in Cannstatt. Arbeitsweise ähnlich wie beim Ökonograph. Die Trommeln der Diagrammblätter drehen sich um wagerechte Achsen.

---

[1]) Prüfungsergebnisse: Zeitschr. d. Bayer. Rev.-Vereins 1901, S. 82.

[2]) Prüfungsergebnisse: Mitteil. d. dampf- u. wärmetechn. Versuchsanstalt in Wien 1910, Nr. 1.

5. Der Aci-Apparat der „Gefko“ (Gesellschaft für Kohlenersparnis) in Köln, arbeitet ähnlich wie der Ados, besteht jedoch ganz aus Eisen und Metall (ohne Glasteile) und ist sehr gedrängt zusammengebaut, hat deshalb Ähnlichkeit mit einem Armaturstück. Der neuere „Gefko“-Apparat wird wieder unter Verwendung von Glasteilen hergestellt.

6. Der Mono-Apparat von H. Maihak in Hamburg. Absorptionsmittel: ebenfalls Kalilauge; Treibmittel: Wasser oder Druckluft, als Sperrflüssigkeit dient dagegen Quecksilber, weil der Apparat besonders enge Zuleitungen besitzt, deren Widerstände größere Kraft erfordern, jedoch das Gas rascher an den Apparat heranbringen. Der Duplex-Mono-Apparat derselben Firma stellt neben dem CO_2-Gehalt auch den Gehalt an etwa unverbrannten Gasen fest.

7. Der Rauchgasprüfer von J. Pintsch in Frankfurt a. M. Das zu untersuchende Gas wird durch den Schornsteinzug durch einen Gaszähler, dann durch ein mit gelöschtem Kalk gefülltes Absorptionsgefäß und zuletzt durch einen zweiten Gaszähler geführt. Die Achsen der beiden Gaszähler wirken auf ein Differentialgetriebe, das mit dem Schreibzeug verbunden ist.

8. Der elektrische Rauchgasprüfer von Siemens & Halske unterscheidet sich wesentlich von den genannten chemischen Apparaten, seine Wirksamkeit beruht auf der Verschiedenheit der Wärmeleitfähigkeit von Luft und Rauchgas; die Wärmeleitfähigkeit des letzteren nimmt mit zunehmendem CO_2-Gehalt ab. Von zwei stromdurchflossenen, parallel geschalteten Platindrähten liegt der eine in ruhender Luft, der zweite in ganz schwachströmendem, von einer Wasserstrahlpumpe angesaugtem Rauchgas. Der letztere Draht erwärmt sich etwas mehr als der in Luft liegende Draht und erhält deshalb wegen seines größeren Widerstandes eine etwas geringere Stromstärke als der erstere. Dieser Unterschied wird auf ein empfindliches Galvanometer übertragen, das in Prozente CO_2 eingeteilt ist; seine Angaben können durch ebenfalls elektrische Übertragung aufgezeichnet werden.

Genaue Beschreibungen und Abbildungen der Apparate liefern die genannten Firmen.

Diese Apparate sind recht zuverlässig, wenn sie sorgfältig gewartet werden, zeigen jedoch falsch, wenn man sie längere Zeit sich selbst überläßt. Bei der Wichtigkeit einer scharfen Überwachung des Feuerungsbetriebes ist es durchaus unerläßlich, daß ein sachkundiger und zuverlässiger

„Wärmeingenieur“ die Wartung selbst übernimmt[1]) und sie nicht etwa einem untergeordneten Techniker oder gar dem Heizer überträgt.

Die Überwachungsarbeiten sind:

α) Aufziehen des Uhrwerkes, Aufstecken des Diagrammstreifens, Instandhaltung des Schreibzeuges.

β) Prüfung der Nullinie: Man läßt den Apparat täglich längere Zeit hindurch Luft einsaugen (bei unterbrochenem Betrieb zweckmäßig die ganze Nacht oder eine längere Pause hindurch. Die CO_2-Apparate müssen dann dauernd 0%, die O_2-Apparate dauernd 21% anzeigen. Ist dies nicht der Fall, dann muß das Schreibzeug eingestellt werden.

γ) Prüfung der Festpunkte für die Kalilauge- und die Sperrflüssigkeiten. Das Volumen der Kalilauge wächst mit der Zeit durch Aufnahme von kondensiertem Wasserdampf aus den Abgasen; deshalb muß öfter etwas Kalilauge abgelassen werden.

δ) Beobachtung des Apparates während einiger Analysen, dabei Achtung auf etwaige Verstopfungen oder Undichtheiten.

ε) Überwachung des Filters.

ξ) Füllen des Kalilaugengefäßes: Bei Tag- und Nachtbetrieb alle 4, bei Tagesbetrieb alle 8 Wochen.

η) Ausblasen der Gasleitung mit Dampf oder Preßluft.

Es ist unzweckmäßig, die Gasproben zur Ersparnis an Apparaten aus dem Sammelfuchs abzusaugen, weil sie wegen der durch Schieberspalten oder undichte Schieber außer Betrieb stehender Kessel nachgesaugter Luft weniger CO_2 enthalten als Gasproben, die vor jedem Schieber entnommen wurden und somit ein falsches Bild über die zugeführte Luftmenge geben. Das Richtigste wäre, für jede Feuerung einen Apparat aufzustellen. Will man die hohen Kosten vermeiden, dann beschaffe man für je 3—4 Feuerungen einen Apparat und schalte ihn in regelmäßigen Zeitabschnitten von der einen auf die andere Feuerung um.

Die Apparate erfüllen nur dann ihren Zweck, wenn sie sich (verschlossen!) im Gesichtskreis der Heizer befinden und wenn die Heizer angewiesen werden, die Feuerungen nach ihren Angaben zu bedienen, d. h. durch entsprechende Schieberstellung auf den von der Betriebsleitung als günstigst ermittelten CO_2-Gehalt hin zu arbeiten. Um allen Einwänden über angeblich unrichtiges Anzeigen der Apparate zu begegnen, empfiehlt es sich, von Zeit zu Zeit einen Parallelversuch mit dem Orsat durchzuführen.

---

[1]) Die Forderung mag manchem zu weitgehend erscheinen; ich stelle sie hier auf Grund einer über 20 Jahre zurückreichenden Erfahrung auf.

V. Abgasverlust.

Die Verluste bei einer Feuerung sind:

a) Der Verlust durch Unverbranntes in Schlacke und Asche (Herdverlust). Dieser ist, wenn Rost und Feuergeschränk gut instand sind, die Kohle nicht zu viel Asche enthält und das Feuer nicht gar zu häufig abgeschlackt werden muß, gewöhnlich klein (1 bis höchstens 4%) und läßt sich durch Betriebsmaßnahmen wenig beeinflussen.

b) Der Verlust durch die mit den Abgasen in den Schornstein ziehende Wärme (Schornstein- oder Abgasverlust). Dieser Verlust ist der größte und durch Betriebsmaßnahmen am leichtesten beeinflußbare. Das Ziel jeder Feuerungsuntersuchung ist, die Größe des Schornsteinverlustes festzustellen, die Ursache seiner etwaigen übermäßigen Höhe aufzufinden und Maßnahmen zu seiner Verringerung und weiteren Ausnützung überschüssiger Abgaswärme zu treffen.

c) Der Verlust durch Strahlung, Leitung, Ruß und unverbrannte Gase wird gewöhnlich als Restverlust berechnet. Man stellt für 1 kg festen oder flüssigen oder 1 cbm gasförmigen Brennstoffs die Summe: Nutzbar gemachte Wärme + Herdverlust + Schornsteinverlust zusammen und zieht sie von dem Heizwert ab, um den Restverlust zu erhalten. Zeigt die Abgasanalyse erhebliche Mengen CO, dann kann man den Verlust durch unverbrannte Gase auch besonders berechnen und aus dem Restverlust ausscheiden.

Berechnung des Abgasverlustes.

a) Buntesche Formel. Setzt man in Gl. (45a) (S. 61) den Temperaturüberschuß der Abgase ($T°$) unmittelbar vor dem Schieber gegenüber der Temperatur t der unter den Rost zugeführten Luft $= T - t$, dann ist für 1 kg festen oder flüssigen Brennstoffes der Schornsteinverlust

$$V_s = \left(0{,}32 \frac{C}{0{,}536\, k} + 0{,}48 \frac{9\,H + W}{100}\right)(T - t)\ \text{WE} \quad \text{(Gl. 53)}$$

oder in % des Heizwertes H_u

$$V_s' = \frac{V_s}{H_u} \cdot 100\,.$$

Hierin sind C, H und W Gewichtsprozente. Die Anwendung dieser Formel erfordert die Kenntnis des C-, H- und W-Gehaltes und des Heizwertes des Brennstoffes, die Messung des CO_2-Gehaltes und der Temperatur der Abgase und der Verbrennungsluft.

b) Siegertsche Formel: Für Steinkohle und Braunkohle unter 10% Wassergehalt ergibt sich der Schornsteinverlust in % des Heizwertes genügend genau zu

$$V_s' = 0{,}65 \frac{T - t}{k} \quad \ldots \ldots \quad \text{(Gl. 54)}$$

Die Anwendung dieser Formel erfordert weder die Kenntnis der Kohlenzusammensetzung noch des Heizwertes.

c) Genaue Berechnung:

1. Für feste und flüssige Brennstoffe: Der Wärmeinhalt der aus 1 kg Brennstoff erzeugten Verbrennungsgase ist bei einem Temperaturüberschuß $T - t$ (gegenüber der zugeführten Luft) nach Gl. (45) (S. 61)

$$V_s = \left[186{,}6 \frac{c_1}{k} c_{pv} + (8{,}93\, h_1' + w_1)\, c_{pw}\right] (T - t) \text{ WE.} \quad \text{(Gl. 55)}$$

Hierin ist wieder

c_1 der C Gehalt von 1 kg Brennstoff in kg
h_1' „ H_2- „ „ 1 kg „ „ kg[1])
w_1 „ H_2O- „ „ 1 kg „ „ kg
k „ CO_2- „ der Abgase in %
T die Temperatur „ „
t „ „ „ Verbrennungsluft
c_{pv} die nach S.42 aus der Zusammensetzung der trockenen Abgase zu berechnende spezifische Wärme von 1 cbm bei $T°$ (s. Zahlentafel 2)[2])
c_{pw} die ebenfalls aus Zahlentafel 2 zu entnehmende spezifische Wärme von 1 kg Wasserdampf bei $T°$.

2. Für gasförmige Brennstoffe: Nach Gl. (51) (S. 62) wird entsprechend dem Temperaturüberschuß $T - t$ für 1 cbm Gas

$$V_s = \left[100 \frac{A}{k} c_{pv} + (h_1 + 2 v_1 + 2 r_1 + s_1)\, c_{pw}\right] (T - t) \text{ WE} \quad \text{(Gl. 56)}$$

[1]) Ohne Abzug von $\frac{q}{8}$.

[2]) Es sei hier nochmals darauf hingewiesen, daß das Volumen 1 cbm sich auf 0° und 760 mm QS. bezieht.

Hierin ist wieder

$A = p_1 + v_1 + k_1 + 2\,r_1 + 2\,s_1$

p_1	der	CO-Gehalt von 1 cbm Frischgas in cbm
v_1	,,	CH_4- ,, ,, 1 ,, ,, ,, ,,
k_1	,,	CO_2- ,, ,, 1 ,, ,, ,, ,,
r_1	,,	C_2H_4- ,, ,, 1 ,, ,, ,, ,,
s_1	,,	C_2H_2- ,, ,, 1 ,, ,, ,, ,,
k	,,	CO_2- ,, der Abgase in %
T	die	Temperatur ,, ,,
t	,,	,, ,, Verbrennungsluft
c_{pv}	,,	spezifische Wärme von 1 cbm trockenen Abgases bei $T°$
c_{pw}	,,	spezifische Wärme von 1 cbm Wasserdampf bei $T°$.

Beispiel 21. In einer Dampfkesselfeuerung wurde Steinkohle von der Zusammensetzung des Beispiels 19 (S. 63) verheizt und vor dem Schieber der CO_2-Gehalt der Abgase zu 10,0%, ihre Temperatur zu 300° und die Lufttemperatur im Kesselhaus zu 20° festgestellt, sowie der untere Heizwert H_u zu 7100 WE/kg ermittelt.

Der Schornsteinverlust wird berechnet nach:

a) Buntesche Formel:

$$V_s = \left(0{,}32\,\frac{73{,}34}{0{,}536 \cdot 10{,}0} + 0{,}48\,\frac{9 \cdot 5{,}08 + 4{,}34}{100}\right)(300 - 20) = 1290 \text{ WE/kg},$$

$$V_s' = \frac{1290}{7100} \cdot 100 = 18{,}2\% .$$

b) Siegertsche Formel:

$$V_s' = 0{,}65\,\frac{300 - 20}{10{,}0} = 18{,}2\% .$$

c) Genaue Formel: Bei $T = 300°$ ist nach Zahlentafel 2 für

$$\left.\begin{array}{l} CO_2 : c_p = 0{,}442 \text{ WE/cbm} \\ N_2 \text{ und } O_2 : c_p = 0{,}318 \quad ,, \end{array}\right\} \begin{array}{l} c_{pv} = 0{,}10 \cdot 0{,}442 + 0{,}90 \cdot 0{,}318 \\ \quad = 0{,}330 \text{ WE/cbm} \end{array}$$

Wasserdampf: $c_{pw} = 0{,}468$ WE/kg;

also

$$V_s = \left[186{,}6\,\frac{0{,}7334}{10{,}0} \cdot 0{,}330 + (8{,}93 \cdot 0{,}0508 + 0{,}0434)\,0{,}468\right](300 - 20)$$

$$= 1330 \text{ WE/kg},$$

$$V_s' = \frac{1330}{7100} \cdot 100 = 18{,}7\% .$$

Beispiel 22. Ein Dampfkessel werde mit Gichtgas des Beispiels 20 (S. 65) geheizt. Der kalorimetrisch ermittelte Heizwert sei 1020 WE/cbm, die Abgasuntersuchung ergab $CO_2 = 16{,}0\%$ und $T = 300°$, die Lufttemperatur sei 20°.

Zur Berechnung des Schornsteinverlustes ist in Gl. (56) einzusetzen:

$$
\begin{aligned}
p_1 &= 0{,}325 \text{ cbm},\\
h_1 &= 0{,}026 \quad ,, \;,\\
v_1 &= 0 \quad\;\;\;\;\;\; ,, \;,\\
k_1 &= 0{,}062 \quad ,, \;,\\
r_1 \text{ und } s_1 &= 0\,,\\
k &= 16{,}0\%\,,\\
A &= 0{,}325 + 0{,}062 = 0{,}387 \text{ cbm}.
\end{aligned}
$$

Die spezifischen Wärmen sind bei 300° nach Zahlentafel 2 wie bei Beispiel 21 für

$$
\left.\begin{aligned}
CO_2\colon\; c_p &= 0{,}442 \text{ WE/cbm}\\
N_2 \text{ und } O_2\colon\; c_p &= 0{,}318 \quad ,,
\end{aligned}\right\}\; \begin{aligned} c_{pv} &= 0{,}16 \cdot 0{,}442 + 0{,}84 \cdot 0{,}318\\ &= 0{,}34 \text{ WE/cbm}\,,\end{aligned}
$$

$$\text{Wasserdampf: } c_{pw} = 0{,}376 \quad ,,$$

Also

$$V_s = \left[100 \frac{0{,}387}{16{,}0} \cdot 0{,}34 + 0{,}026 \cdot 0{,}376\right](300 - 20) = 233 \text{ WE/cbm},$$

$$V_s' = \frac{233}{1020} \cdot 100 = 22{,}8\%.$$

Eine bequeme Übersicht über die Höhe des Schornsteinverlustes bei festen Brennstoffen erhält man, wenn man nach Abb. 9 unter Benutzung der Siegertschen Formel den Temperaturunterschied $T - t$ als Ordinate und den für alle Werte von k berechneten Schornsteinverlust als Abszisse aufträgt. Die Kurven gleichen CO_2-Gehaltes sind dann gerade Linien, weil die Gl. (54) in bezug auf die Veränderlichen V_s und $(T - t)$ bei konstantem k linear ist. Aus Abb. 9 kann man unmittelbar ablesen, daß z. B. bei $T - t = 300°$ und $k = 12\%$ der Schornsteinverlust 16,2% beträgt, dagegen bei $k = 7\%$ den hohen Wert von 28% erreicht.

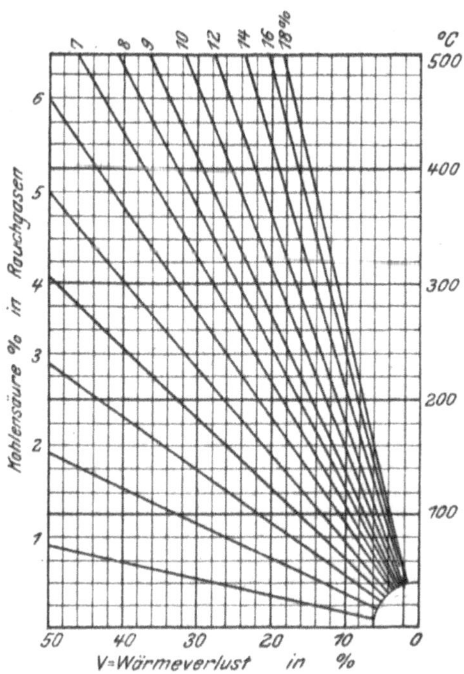

Abb. 9.

Welche Kohlenmengen durch übermäßige Höhe des Schornsteinverlustes jährlich verschwendet werden können, zeigt folgende Rechnung:

Eine Kesselanlage bestehe aus 10 Zweiflammrohrkesseln von je 120 qm Heiz- und 3,4 qm Rostfläche. Auf 1 qm Rostfläche werden stündlich 80 kg Steinkohle verheizt. Die Feuerungen seien gut bedient, es werde ein durchschnittlicher CO_2-Gehalt vor den Schiebern von 12% bei einem Temperaturüberschuß von 280° erzielt. Die Wärmeausnutzung betrage 72%, der Herdverlust 2%, so daß folgende Wärmebilanz entsteht:

Ausgenutzte Wärme		72%
Verloren:	Herdverlust	2 „
	Schornsteinverlust	15 „
	Restverlust	11 „
		100%

Der jährliche Kohlenverbrauch berechnet sich bei 7000 Betriebsstunden zu

$$3{,}4 \cdot 10 \cdot 80 \cdot 7000 = 19\,000\,000 \text{ kg} = 19\,000 \text{ t}\,.$$

Werden die Feuerungen ein Jahr lang so schlecht bedient, daß der durchschnittliche CO_2-Gehalt nur 7% beträgt, und nimmt man an, daß der Temperaturüberschuß $T - t$ derselbe bleibt[1]), dann beträgt nach Abb. 9 der Schornsteinverlust 26%. Mit der Annahme, daß Herd- und Restverlust ungeändert bleiben, ergibt sich folgende Wärmebilanz:

Ausgenutzte Wärme		61%
Verloren:	Herdverlust	2 „
	Schornsteinverlust	26 „
	Restverlust	11 „
		100%

Der Kesselwirkungsgrad ist also von 0,72 auf 0,61 gesunken, was eine Erhöhung des Kohlenverbrauches um $\left(\frac{72-61}{72}\right) \cdot 100 = 15\%$ bedeutet.

Die jährlich verschwendete Kohlenmenge beträgt dann

$$0{,}15 \cdot 19\,000 = 2800 \text{ t}\,.$$

Noch größer als bei Dampfkesseln werden die Abgasverluste bei metallurgischen Öfen, weil hier die Abgase mit weit höherer Temperatur abziehen, wie folgendes Beispiel zeigt:

[1]) Es ist zu erwarten, daß T steigt; es wird zwar durch vermehrte Luftzufuhr die Flammentemperatur vermindert, gleichzeitig aber die Menge der Verbrennungsgase so vermehrt, daß letztere nach der Wärmeabgabe eine höhere Temperatur besitzen werden.

Am Ende des Walzwerks-Stoßofens in Beispiel 18 (S. 55) wurde festgestellt: $CO_2 = 11{,}8\%$, $T = 1000°$. Nach Abb. 7 ist für $k = 11{,}8$ der Luftfaktor $\eta = 0{,}72$ (Punkt IX). Aus den Gleichungen S. 58 ergibt sich mit $O_{\min} = 1{,}075$ cbm:

Trockene Abgasmenge von 1 kg Gesamtbrennstoff (Kohle + Eisenabbrand):

$$G_t = 1{,}866 \cdot 0{,}460 + 1{,}075 \left(\frac{4{,}76}{0{,}72} - 1\right) = 6{,}90 \text{ cbm.}$$

Da in $(1 + 0{,}63)$ kg Gesamtbrennstoff 1 kg Kohle enthalten sind, beträgt die

Trockene Abgasmenge für 1 kg Kohle

$$G_t' = 7{,}90 \cdot 1{,}63 = 12{,}1 \text{ cbm.}$$

Wasserdampf von 1 kg Kohle:

$$H_2O = 8{,}93 \cdot 0{,}0440 + 0{,}0581 = 0{,}451 \text{ kg.}$$

Die spezifischen Wärmen sind bei 1000° nach Zahlentafel 2:

$$\left.\begin{array}{r} CO_2: c_p = 0{,}511 \text{ WE/cbm} \\ N_2 \text{ und } O_2: c_p = 0{,}332 \quad ,, \end{array}\right\} \quad c_{pv} = 0{,}118 \cdot 0{,}511 + 0{,}882 \cdot 0{,}332 = 0{,}353 \text{ WE/cbm},$$

$$H_2O: c_{pw} = 0{,}495 \text{ WE/kg.}$$

Also Schornsteinverlust

$$V_s = (12{,}1 \cdot 0{,}353 + 0{,}451 \cdot 0{,}495) \cdot 1000 = 4495 \text{ WE/kg Kohle.}$$

Oder in % des Kohlenheizwertes (7164 WE/kg):

$$V_s' = \frac{4495}{7164} \cdot 100 = 62{,}7\,\%.$$

Die Siegertsche Formel darf hier wegen des Eisenabbrandes nicht angewandt werden.

d) **Berechnung des Verlustes durch unverbrannte Gase.** Die nach Gl. (55) bzw. (56) berechnete Abwärme ist die sog. „fühlbare" Wärme. Zeigt jedoch die Eintragung der für CO_2 und O_2 gefundenen Werte in das Abgasschaubild merkliche Werte von CO oder ist der CO-Gehalt der Abgase durch Absorption zuverlässig ermittelt, dann berechnet man den Anteil des CO in cbm, der im trockenen Abgasvolumen enthalten ist, das durch Verbrennung von 1 kg bzw. 1 cbm Brennstoff erzeugt wurde, und multipliziert ihn mit dem aus Zahlentafel 3 (S. 15) zu entnehmenden Heizwert 3050 WE/cbm CO. Diese Zahl ist dann der Verlust durch unvollkommene Verbrennung für 1 kg bzw. 1 cbm Brennstoff.

Für feste und flüssige Brennstoffe beträgt nach Gl. (43) (S. 61) das Volumen der trockenen Verbrennungsgase bei vollkommener Verbrennung

$$G_t = 186{,}6 \frac{c_1}{k} \text{ cbm/kg.}$$

Da nach den Reaktionsgleichungen S. 40 u. 42 das aus 1 kg C erzeugte CO denselben Raum einnimmt, wie die aus 1 kg C erzeugte CO_2, kann man den als CO festgestellten Wert ebenfalls als CO_2 rechnen und es wird bei unvollkommener Verbrennung

$$G_t = 186{,}6 \frac{c_1}{k + p} \text{ cbm/kg.} \quad \ldots \ldots \text{(Gl. 57)}$$

Also Verlust durch den nicht ausgenützten Heizwert von $p\%$ CO:

$$V_u = G_t \cdot \frac{p}{100} \cdot 3050 \text{ WE/kg} \quad \ldots \ldots \text{(Gl. 57a)}$$

Dazu kommt der Verlust durch fühlbare Abwärme, der mit Bezug auf Gl. (53) (S. 80) wird:

$$V_s = \left(0{,}32 \frac{C}{0{,}536(k + p)} + 0{,}48 \frac{9H + W}{100}\right)(T - t) \quad . \text{(Gl. 53a)}$$

oder mit Bezug auf Gl. (55) (S. 81)

$$V_s = \left[186{,}6 \frac{c_1}{k + p} c_{pv} + (8{,}93\, h_1' + w_1) c_{pw}\right](T - t). \quad . \text{(Gl. 53b)}$$

Beispiel 23. Bei der Verbrennung der Steinkohle des Beispiels 16 (S. 44) seien nach S. 46 festgestellt worden: $CO_2 = 13{,}0\%$, $O_2 = 5{,}0\%$, $T - t = 300°$; nach dem zugehörigen Schaubild Abb. 5 ergibt sich Luftfaktor $\eta = 0{,}8$ und $CO = 1{,}3\%$. Also Verlust durch CO-Bildung nach (Gl. 57a):

$$V_u = 186{,}6 \frac{0{,}75}{13{,}0 + 1{,}3} \cdot \frac{1{,}3}{100} \cdot 3050 = 388 \text{ WE/kg.}$$

Der Heizwert ergibt sich aus der Kohlenanalyse zu

$$H_u = 7280 \text{ WE/kg.}$$

Also Verlust in % von H_u

$$V_u' = \frac{388}{7280} \cdot 100 = \mathbf{5{,}3\%}.$$

Verlust durch fühlbare Wärme. Nach Gl. (53a):

$$V_s = \left[0{,}32 \frac{75}{0{,}536\,(13{,}0 + 1{,}3)} + 0{,}48 \frac{9 \cdot 6{,}0 + 4{,}0}{100}\right] \cdot 300$$

$$= 1023 \text{ WE/kg} = 14{,}1\,\%.$$

Gesamter Schornsteinverlust:

$$V_u + V_s = 388 + 1023 = 1411 \text{ WE/kg}.$$

Oder in % von H_u

$$(V_u + V_s)^1 = \frac{1411}{7280} \cdot 100 = \mathbf{19{,}4\,\%}.$$

Überschlägig gilt folgende Beziehung: Jedes $\%$ CO verursacht einen Verlust von etwa 4% des Brennstoffheizwertes.

Für gasförmige Brennstoffe ergibt sich aus Gl. (50) (S. 62) das Volumen der trockenen Verbrennungsgase bei vollkommener Verbrennung zu

$$G_t = 100\frac{A}{k} \quad \text{mit} \quad A = p_1 + v_1 + k_1 + 2r_1 + 2s_1;$$

rechnet man ebenfalls das CO-Volumen als CO_2, dann wird bei unvollkommener Verbrennung

$$G_t = 100\frac{A}{k+p}\,\text{cbm/cbm}.$$

Also Verlust durch Bildung von $p\%$ CO wie oben:

$$V_u = G_t \cdot \frac{p}{100} \cdot 3050\,\text{WE/cbm}. \quad . \quad . \quad . \quad . \quad (\text{Gl. }58)$$

Der Verlust durch fühlbare Abwärme wird dann mit Beziehung auf Gl. (56) (S. 81)

$$V_s = \left[100\frac{A}{k+p}c_{pv} + (h_1 + 2v_1 + 2r_1 + s_1)c_{pw}\right](T - t) \quad . \quad (\text{Gl. }59)$$

Beispiel 24. Bei Verheizung des Gichtgases in Beispiel 20 (S. 65) habe die Abgasuntersuchung ergeben: $CO_2 = 19{,}0\%$, $O_2 = 3{,}3\%$, $T - t = 250°$; aus dem zugehörigen Schaubild Abb. 6 geht hervor: Luftfaktor $\eta = 0{,}8$ und $CO = 2\%$. Also Verlust durch CO-Bildung mit $A = 0{,}325 + 0{,}062 = 0{,}387$ cbm:

$$V_u = 100\frac{0{,}387}{19{,}0 + 2{,}0} \cdot \frac{2{,}0}{100} \cdot 3050 = 112\,\text{WE/cbm}.$$

Der Heizwert sei nach Beispiel 22 (S. 82):

$$H_u = 1020\,\text{WE/cbm},$$

also Verlust in $\%$ von H_u

$$V_u' = \frac{112}{1020} \cdot 100 = \mathbf{11{,}0}\,\%.$$

Verlust durch fühlbare Wärme:

$$V_s = \left(100\frac{0{,}387}{19{,}0 + 2{,}0} \cdot 0{,}32 + 0{,}026 \cdot 0{,}47\right) \cdot 280 = 169\,\text{WE/cbm}$$
$$= 16{,}6\,\%$$

Der Gesamtverlust wird:

$$V_u + V_s = 112 + 169 = 281\,\text{WE/cbm} = 27{,}6\,\%.$$

Aus diesen Beispielen geht hervor, daß die Verluste durch unverbrannte Gase schon bei kleinen Mengen von CO außerordentlich groß sind und welche wirtschaftliche Bedeutung die ständige Untersuchung der Verbrennungsgase besitzt.

Wenn der Betrag an CO einwandfrei festgestellt ist, dann ist bei der Berechnung des Schornsteinverlustes (fühlbare Wärme) in den Gl. (53), (54), (55) und (56) stets $k + p$ statt k zu setzen. Dazu kommt dann noch der nach Gl. (57) bzw. (58) zu berechnende Verlust durch unverbrannte Gase.

Maßnahmen zur Verminderung des Abgasverlustes. Diese bestehen in der richtigen Bedienung des Feuers und in der Ausnützung der Abhitze.

a) **Die Bedienung des Feuers** richtet sich nach den Eigenschaften der Kohle sowie nach der Beschaffenheit und der Bauart des Rostes. Für Handfeuerung und Planrost gilt als Regel: Die Kohle nur kleinstückig in kürzeren Zwischenräumen und kleineren Mengen gleichmäßig auf dem Rost verteilen, wobei das richtige Verhältnis zwischen der Höhe der Brennschicht und der Zugstärke an Hand der Abgasanalyse festzustellen ist, auch der hintere Teil des Rostes ist gut bedeckt zu halten. Der günstigste CO_2-Gehalt liegt bei festen Brennstoffen zwischen 10 und 14%, für gasreiche Kohle näher an 10, für gasarme Kohle näher an 14%. Bei höherem CO_2-Gehalt ist fast immer die Möglichkeit zur Bildung von Rauch und unverbrannten Gasen gegeben. Die Rauchbildung besteht in der Ausscheidung von fein verteiltem Kohlenstoff (Ruß) und verursacht an sich nur einen unbedeutenden Verlust; weil jedoch der Rauch stets nur eine Begleiterscheinung bei der Bildung unverbrannter Gase ist, verschwindet er, sobald man die Entstehung unverbrannter Gase verhindert. Weitaus die meisten Feuerungen arbeiten mit zu großem Luftüberschuß, d. h. die Abgasanalyse zeigt zu wenig CO_2, und es wird zuviel Kohle mit einem Male aufgeworfen, so daß für kurze Zeit unmittelbar nach dem Aufwerfen Rauch und unverbrannte Gase wegen Luftmangel entstehen. Deshalb muß der Schieber nach dem Aufwerfen höher gezogen und nach der Entgasung der Kohle gedrosselt werden. Diese Art der Feuerungsbedienung ist nur dann mit Vorteil anzuwenden, wenn

1. an den letzten Feuerzug ein selbsttätiger CO_2-Apparat angeschlossen ist, nach dessen Angaben der Schieber bedient wird,

2. die Schieber leicht gangbar sind und vom Heizerstand aus bedient werden können,

3. die Heizer durch entsprechende Prämien zur Einhaltung eines bestimmten, an Hand eines Abgasschaubildes auszuprobierenden mittleren CO_2-Gehaltes veranlaßt werden.

Besonders gegen die zweite Regel wird trotz der außerordentlichen Kohlenknappheit noch heute viel gesündigt. Man findet heute noch Schieber, die so schwer zu handhaben sind, daß einige Leute zusammen helfen müssen, um sie zu ziehen, oder zu deren Bedienung der Heizer nach hinten gehen oder gar über die Kesseldecke klettern muß.

Die Aufstellung von CO_2-Apparaten und die Gewährung von Kohlenprämien dagegen hat in den letzten Jahren große Fortschritte gemacht.

Eine üble Gewohnheit der Heizer ist, sämtliche Feuer unmittelbar hintereinander abzuschlacken. Die Folge davon ist, daß der Dampfdruck zurückgeht und durch Überanstrengung der gereinigten Feuer hochgebracht werden muß. Das Ausschlakken ist vielmehr gleichmäßig für alle Feuer auf den ganzen Zeitraum von einem bis zum nächsten Ausschlacken desselben Kessels zu verteilen.

Der Planrost müßte eigentlich so bedient werden, daß die frische Kohle vorn aufgeworfen und entgast wird, wobei durch Zuführung von etwas Oberluft durch die Rosette der Feuertür die Verbrennung der Gase vervollkommnet wird; hierauf verteilt man die entgaste Kohle gleichmäßig über das Feuer und schließt die Oberluftzuführung. Diese Heizungsart erfordert jedoch große Aufmerksamkeit des Heizers und es kommen leicht Schlakken und Kohlen durcheinander, wodurch an vielen Stellen zuviel Luft durch die Brennschicht kommt und beim Ausschlacken zuviel Koks mit entfernt wird. Sie wird verwirklicht beim Wanderrost; hier wird die Kohle vorne aufgegeben, entgast und allmählich nach hinten geschoben, die Schlacken fallen hinter dem Abstreifer von selbst nach unten, das Feuer ist immer rein. Der Heizer hat jedoch, am besten an Hand der Angaben eines selbsttätigen CO_2-Apparates auf den richtigen Zusammenhang zwischen der Höhe der Brennschicht (einstellbar durch einen Schieber am Kohlentrichter), der Zugstärke und der Vorschubgeschwindigkeit der Rostkette zu achten. Durch seitliche Öffnungen kann er das Feuer beobachten und bei ungleichmäßigem Abbrand ebnen. Besitzt jeder Kessel zwei Roste, dann sollte man niemals zwei Kessel gemeinsam einmauern, weil sonst die beiden mittleren Feuer nicht beobachtet werden können. Die Brennschicht soll am Abstreifer gerade ausgebrannt sein; ist sie schon vorher ausgebrannt, dann ist der hintere Teil des Rostes mit Schlacken bedeckt, die viel Nebenluft durchlassen und den CO_2-Gehalt der Abgase vermindern; ist dagegen die Verbrennung beim Abstreifer noch nicht beendigt, dann fällt Unverbranntes in die Schlackengrube. Der Schieber der letzteren sollte stets mit Schlacken bedeckt sein, weil er selten ganz dicht schließt und dann Nebenluft einläßt. Als Abstreifer hat sich ein wassergekühltes, oberhalb des Rostes quer eingesetztes Rohr gut bewährt.

Unterwindfeuerungen sollten nur mit Ventilatorluft und nicht mit Dampfgebläse arbeiten, weil die Heizer letzteres immer zu weit öffnen und dadurch unnötig große Dampfverluste verursachen. Wenn die Beschaffenheit der Schlacke einen Dampfzusatz erfordert, dann kann man der Ventilatorluft etwas Dampf beimischen.

Leichter zu bedienen ist der Treppenrost, der aber nur für minderwertige, nicht backende Brennstoffe geeignet ist. Die Spalten sind häufig durchzustoßen, damit sie stets hell erscheinen. Die Anpassung der zu verbrennenden Brennstoffmenge an den Bedarf erfolgt durch Regelung des Schiebers. Gasreiche Brennstoffe, wie Braunkohle, erfordern häufig die Zuführung von Oberluft, die meistens in Kanälen des Mauerwerks vorgewärmt wird.

Eine Halbgasfeuerung liegt vor, wenn man durch hohe Brennstoffschicht die Verbrennung absichtlich unvollkommen gestaltet und dann die brennbaren Gase durch Zuführung von Oberluft in guter Mischung verbrennt. Die Oberluft wird zweckmäßig in einem Rekuperator durch die Abgase vorgewärmt und mit einem Ventilator in den Feuerraum gedrückt.

Bei Gasfeuerungen muß man mit der Beurteilung der Abgasanalyse besonders vorsichtig sein, weil der größtmögliche CO_2-Gehalt von der Art des Gases abhängt; er ist am größten bei Gichtgas (bis 24%), am kleinsten bei Koksofengas (rund 10%); siehe auch Zahlentafel 9 (S. 25). Bei guter Bauart des Brenners läßt sich die Luftzufuhr so einstellen, daß man mit sehr geringem Luftüberschuß auskommt, ohne daß unverbrannte Gase entstehen; der CO_2-Gehalt der Abgase kommt dann dem aus der Frischgasanalyse berechneten Wert $k_{\max}$ [Gl. (26a) (S. 49) mit $\eta = 1{,}0$] ziemlich nahe.

b) Ausnützung der Abhitze. Hat man durch richtige Bemessung der Luftzufuhr für die günstigste Zusammensetzung der Abgase gesorgt, dann richtet sich die Abgastemperatur nach dem Anstrengungsgrad der Feuerung und nach der Art des zu erhitzenden Stoffes. Bei normal beanspruchten Dampfkesseln soll sie 300° nicht überschreiten, bei Martinöfen steigt sie auf 500—800°, bei Glühöfen nicht selten über 1000°. Dementsprechend empfiehlt sich bei Dampfkesseln fast immer die Aufstellung von Speisewasservorwärmern (Ekonomisern) im Rauchkanal; bei Abgastemperaturen über 500° ist der Einbau von Abhitzekesseln zweckmäßig. Durch die Verminderung der Abgastemperatur sowie durch mechanische Hindernisse wird jedoch die Zugstärke beeinträchtigt. Es muß also vor dem Einbau immer ein bestimmter Zugüberschuß vorhanden sein oder man muß Saugzug anwenden.

Wie groß die Kohlenersparnis durch Abhitzeverwertung werden kann, zeigen folgende Berechnungen:

Beispiel 25. In der Kesselanlage der Berechnung S. 83 sei die mittlere Abgastemperatur vor den Schiebern zu 300° festgestellt, die Dampfleistung sei 20 kg/Std/qm Heizfläche, der Dampfdruck 12 at, die Temperatur des Speisewassers[1]) vor dem Vorwärmer 40°, hinter dem Vorwärmer 100°, die Verdampfung 8fach, also der stündliche Kohlenverbrauch

$$\frac{20 \cdot 1200}{8} = 3000\ \text{kg}.$$

Demnach beträgt die Erzeugungswärme für 1 kg Dampf

$$\text{ohne Vorwärmer } \lambda_1 = 669 - 40 = 629\ \text{WE},$$
$$\text{mit } \quad ,, \quad \lambda_2 = 669 - 100 = 569\ ,,\ ,$$

also die Kohlenersparnis

$$\frac{629 - 569}{629} \cdot 100 = \mathbf{9{,}6}\,\%,$$

d. h. bei 7000 Jahresstunden

$$3000 \cdot 7000 \cdot 0{,}096 = 2\,020\,000\ \text{kg} = \mathbf{2020}\ \text{t}.$$

Durch entsprechende Bemessung der Vorwärmerheizfläche läßt sich die Temperatur des Speisewassers weit über 100° steigern und damit die Kohlenersparnis vergrößern.

Beispiel 26. Oberhalb eines Walzwerks-Stoßofens (siehe Beispiel S. 84) ist ein Flammrohrkessel von 104 qm Heizfläche eingebaut. Ein Versuch hatte folgendes Ergebnis:

Dampferzeugung durch 1 kg Kohle	3,54 kg
Dampfdruck	6,8 at
Speisewassertemperatur	47,5°
Erzeugungswärme für 1 kg Dampf 662 — 47,5 =	614,5 WE
Von 1 kg Kohle an 3,54 kg Dampf abgegebene Wärmemenge . . . . 614,5 · 3,54 =	2170 WE
Heizwert der Kohle	7164 WE/kg.

[1]) Sollte immer mindestens 40° sein, damit der Vorwärmer nicht durch Schwitzwasser rostet.

Also im Abhitzekessel ausgenützte Wärme

$$= \frac{2170}{7164} \cdot 100 = \mathbf{30{,}4\,\%} \text{ des Kohlenheizwertes.}$$

Diese Zahl wäre noch größer gewesen, wenn man statt des Flammrohrkessels einen Röhrenkessel mit größerer Heizfläche eingebaut hätte.

VI. Untersuchung von Frischgasen.

Frischgase, wie Gichtgas, Generatorgas, Leuchtgas, Koksofengas usw. stehen meistens unter Druck. Die Entnahme erfolgt durch eine wassergefüllte Pipette von etwa 200 ccm Inhalt mit einem oberen und einem unteren Quetschhahn aus einem in die Gasleitung eingesetzten und mit einem Hahn oder Stopfen versehenen Röhrchen. Nachdem die Pipette durch Ablaufen des Wassers ganz mit Gas gefüllt ist, schließt man die beiden Quetschhähne und drückt das Gas in den Untersuchungsapparat, indem man das obere Ende der Pipette mit dem Apparat, das untere Ende mit einer Druckflasche verbindet. Dabei ist streng darauf zu achten, daß keine Luft in die Pipette oder in die Meßbürette des Apparates gelangt.

Zur Untersuchung[1]) kann man einen erweiterten Orsatapparat verwenden, der folgende Gefäße enthält:

a) ein mit Kalilauge gefülltes Absorptionsgefäß zur CO_2-Bestimmung;

b) ein mit rauchender Schwefelsäure gefülltes Gefäß zur Bestimmung schwerer Kohlenwasserstoffe C_nH_m;

c) ein mit der früher genannten Pyrogallollösung oder mit Phosphorstäbchen in Wasser gefülltes Gefäß zur Bestimmung von O_2;

d) ein mit gesättigter Kochsalzlösung oder mit angesäuertem Wasser gefülltes Sperrgefäß. Nach diesem führt von der Hahnröhre *r* (Abb. 8) (S. 71) eine mit Hahn versehene Umleitung, in die ein enges mit Palladium-Asbest gefülltes Quarzglas-Verbrennungsröhrchen zur gemeinsamen Verbrennung von H_2, CH_4 und CO eingeschaltet ist.

[1]) Es werden hier nur die Methoden beschrieben, die ohne übertriebene Genauigkeit ein rasches Arbeiten gestatten, damit man z. B. bei schlechtem Generatorgang sofort eingreifen kann, ohne erst die lange Untersuchung vom chemischen Laboratorium abwarten zu müssen.

Als Sperrflüssigkeit in der Meßbürette und der Niveauflasche verwendet man ebenfalls zweckmäßig gesättigte Kochsalzlösung oder angesäuertes Wasser.

Die Ermittlung von CO_2, C_nH_m und O_2 erfolgt in obiger Reihenfolge genau wie S. 72 angegeben. Hierauf drückt man einen Teil des G_1 Raumteile betragenden Gasrestes aus der Bürette in die Atmosphäre und behält etwa $G_2 = 30$ bis 50 Raumteile zurück, bei reichen Gasen weniger, bei armen Gasen mehr, mischt den jetzigen Rest mit so viel Luft, daß das Gesamtvolumen wieder 100 Raumteile beträgt, erhitzt die Verbrennungsröhre mit einem Spiritus- oder Gasbrenner und treibt das Gas durch Hochheben der Niveauflasche und Öffnen des Umleitungshahnes in das unter d) genannte Sperrgefäß und dann in die Bürette zurück. Der Sicherheit wegen wiederholt man dieses Verfahren mehrmals. Hierauf liest man die entstandene Kontraktion c ab. Dann bestimmt man die bei der Verbrennung entstandenen $CO_2 = b$ Raumteile durch Einleiten des Gases in die Kalilauge und den im Gas noch enthaltenen Sauerstoff durch Absorption mit Pyrogallussäure oder Phosphor. Zeigt sich kein freier Sauerstoff mehr, dann war vor der Verbrennung zu wenig Luft zugeführt worden, d. h. der zur Verbrennung gelangte Gasrest war zu groß. In diesem Fall wiederholt man zweckmäßig die ganze Untersuchung mit einer neuen Gasprobe und verbrennt einen kleineren Gasrest. Hieraus berechnet man die in der zugeführten Luft enthalten gewesene O_2-Menge, zieht davon den nach der Verbrennung noch vorhandenen Sauerstoff ab und erhält damit die zur Verbrennung verbrauchte O_2-Menge $= a$ Raumteile. Aus den so ermittelten drei Größen

Kontraktion c Raumteile
Kohlensäure b „
Sauerstoff a „

wird berechnet:

1. Wasserstoff $H_2 = c - a$ Raumteile

2. Methan $CH_4 = a - \frac{b + c}{3}$ „

3. Kohlenoxyd $CO = b - CH_4$ „

Da diese Raumteile in G_2 Raumteilen Gasrest enthalten waren, der vor der Mischung mit Luft einen Raum G_1, entsprechend 100 Raumteilen des ursprünglichen Gases, eingenommen hatte, erhält man die in 100 Raumteilen des ursprünglichen Gases enthaltenen Anteile (Volumprozente) an H_2, CH_4 und CO, indem man die unter 1. bis 3. berechneten Volumina mit $\frac{G_1}{G_2}$ multipliziert.

Der Gang einer **vollständigen Analyse** sei an Hand eines Versuches an einem mit Steinkohle betriebenen Gasgenerator gezeigt:

Gasvolumen		100,0 ccm[1])
Volumen nach Absorption der CO_2		94,4 „
CO_2-Gehalt des Frischgases	100,0 — 94,4 =	**5,6** %
Volumen nach Absorption von C_nH_m	=	94,4 ccm
C_nH_m-Gehalt des Frischgases		**0,0** %
Volumen nach Absorption des O_2	G_1 =	94,4 ccm
O_2-Gehalt des Frischgases		**0,0** %
Gas ausgetrieben bis auf	G_2 =	40,0 ccm
Gas + Luft		100,0 „
Zugesetzte Luft	100 — 40,0 =	60,0 „
Darin enthaltener O_2	60,0 · 0,21 =	12,6 „
Ablesung nach der Verbrennung		85,7 „
Kontraktion	c = 100,0 — 85,7 =	14,3 „
Ablesung nach Absorption der bei der Verbrennung entstandenen CO_2		74,4 „
CO_2-Volumen	b = 85,7 — 74,4 =	11,3 „
Ablesung nach Absorption des Restsauerstoffes		71,7 „
Restsauerstoff	74,4 — 71,7 =	2,7 „
Bei der Verbrennung verbrauchter Sauerstoff	a = 12,6 — 2,7 =	9,9 „

Also

$$H_2 = c - a = 14{,}3 - 9{,}9 = \quad 4{,}4 \text{ „}$$

$$CH_4 = a - \frac{b+c}{3} = 9{,}9 - \frac{11{,}3 + 14{,}3}{3} = \quad 1{,}3 \text{ „}$$

$$CO = b - CH_4 = 11{,}3 - 1{,}3 \quad 10{,}0 \text{ „}$$

Auf das ursprüngliche Gasvolumen umgerechnet:

$$H_2 = 4{,}4 \frac{94{,}4}{40{,}0} = \quad \mathbf{10{,}4}\ \%$$

$$CH_4 = 1{,}3 \frac{94{,}4}{40{,}0} = \quad \mathbf{3{,}1} \text{ „}$$

$$CO = 10{,}0 \frac{94{,}4}{40{,}0} = \quad \mathbf{23{,}6} \text{ „}$$

$$N_2 = \text{Rest} = \quad \mathbf{57{,}3} \text{ „}$$

Zur übersichtlichen Eintragung der beobachteten und berechneten Werte empfiehlt sich folgendes Schema:

[1]) bzw. Raumteile, falls die Bürette nicht in ccm geteilt ist.

Versuchstag		28. 8. 20	
Zeit der Entnahme der Gasprobe		8^{45}	
Absorption:		Ables.	Diff.
Gasvolumen	ccm	100,0	
CO_2	„	94,4	5,6
C_nH_m	„	94,0	0,0
O_2	„	94,0	0,0
Verbrennung:		Ables.	O_2
Gasvolumen	ccm	40,0	
Gas + Luft	„	100,0	
Luft	„	60,0	12,6
			Diff.
Kontraktion (c)	ccm	85,7	14,3
CO_2 (b)	„	74,4	11,3
O_2	„	71,7	2,7
Berechnung:			
Verbrauchter O_2 (a)	ccm	9,9	
$H_2 = c - a =$	„	4,4	
$CH_4 = a - \frac{b+c}{3} =$	„	1,3	
$CO = b - CH_4 =$	„	10,0	
Zusammensetzung des ursprünglichen trockenen Frischgases:			
CO_2	%	5,6	
O_2	„	0,0	
C_nH_m	„	0,0	
H_2	„	10,4	
CH_4	„	3,1	
CO	„	23,6	
N_2	„	57,3	
	%	100,0	

Etwas anders ist der Deutzer Apparat[1]) eingerichtet, der sich sowohl zur Analyse von Frisch- wie von Abgasen eignet. Die Absorptionsgefäße sind besonders groß und um eine senkrechte Achse drehbar angeordnet. Statt der Hähne werden Kapillarschlauchstückchen mit Drahtklemmen angewandt; die Verbindung mit der Meßbürette erfolgt der Reihe nach durch ein sehr dünnes Glas-U-Röhrchen. Dadurch erhält man besonders kleine schädliche Räume. Die Meßbürette ist besonders lang und besitzt eine weite, genau ablesbare Teilung. Im oberen Teil der Bürette sind 2 Platindrähte zur Bildung einer Funkenstrecke eingeschmolzen, so daß man die Gase entweder in der Palladium-Asbeströhre verbrennen oder mittels der durch einen Induktor zu erzeugenden Funken zur Explosion bringen kann.

Mit diesem Apparat werden die Analysen genau so ausgeführt, wie oben beschrieben.

[1]) Dr. Siebert u. Kühn, Cassel.

VII. Zugstärke und Schornsteinberechnung.

a) Die **Zugwirkung** eines Schornsteins beruht auf der Verschiedenheit der Gewichte der Rauchgassäule im Schornstein und einer gleichhohen Luftsäule von gleichen Querschnittsabmessungen. Dieser Gewichtsunterschied ist die Kraft, die nach Abb. 10 die

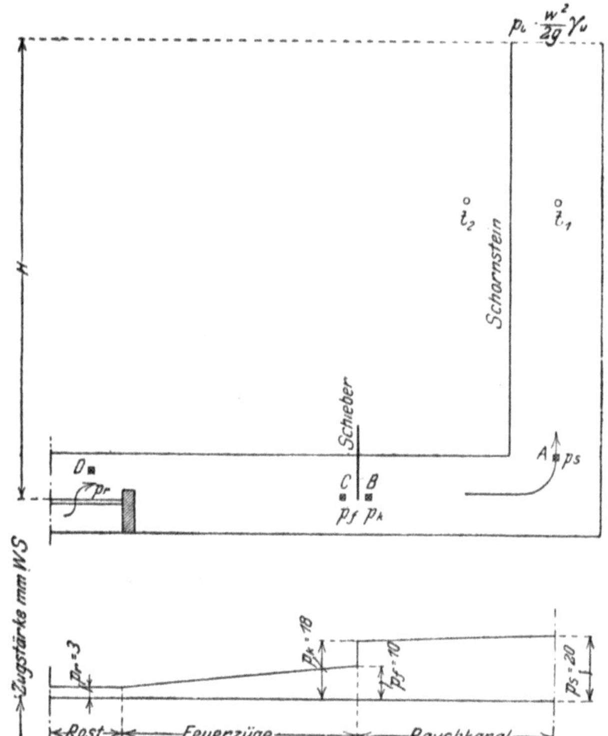

Abb. 10.

Gase durch den Rost, die Feuerzüge, die Schieberöffnung, den Rauchkanal und den Schornsteinschacht in die Schornsteinmündung treibt; diese Kraft nennt man die **statische Zugstärke**. Bezeichnet man mit

γ_1 das Gewicht von 1 cbm Gas bei $t_1°$ (mittlere Temperatur im Schornstein),

γ_2 das Gewicht von 1 cbm Luft bei $t_2°$ (Temperatur der Außenluft),

H die Höhe des Schornsteins in m,

dann beträgt diese Kraft

$$p = H(\gamma_2 - \gamma_1)$$

in kg/qm (oder in mm WS, weil eine Wassersäule von 1 mm Höhe einen Druck von 1 kg/qm ausübt).

Dieser Zug wird zum größten Teil aufgezehrt durch:

1. den Rostwiderstand f_r,
2. ,, Widerstand in den Feuerzügen f_f,
3. ,, Schieberwiderstand f_{sch},
4. ,, Widerstand im Rauchkanal f_k,
5. ,, ,, ,, Schornsteinschacht f_s.

Der Rest erscheint als

6. Geschwindigkeitshöhe der an der Schornsteinmündung mit der Geschwindigkeit w austretenden Gase

$$p_u = \frac{w^2}{2g}\gamma_u,$$

wobei γ_u deren spezifisches Gewicht in kg/cbm bei ihrer Temperatur ist.

Also beträgt die gesamte Zugstärke:

$$p = f_r + f_f + f_{sch} + f_k + f_s + \frac{w^2}{2g}\gamma_u.$$

Ist der Schieber ganz geöffnet, dann wird der Schieberwiderstand $f_{sch} = 0$.

Die durch Zugmesser an den wichtigsten Stellen (Abb. 10) meßbaren Zugstärken betragen bei

A am Schornsteinfuß $p_s = p - f_s - \frac{w^2}{2g}\gamma_u$.

Schließt man während des Betriebes für einen Augenblick sämtliche Schieber, dann wird f_s und $w = 0$; also $p_s = p$. Auf diese Weise kann man die statische Zugstärke p unmittelbar messen.

B hinter den Schiebern: $p_k = p_s - f_k$,
C vor den Schiebern: $p_f = p_k - f_{sch}$,
D über dem Rost: $p_r = p_f - f_f$.

Vernachlässigt man den Luftwiderstand im Aschenfall als unerheblich, dann ist p_r gleich dem Rostwiderstand f_r, und durch Addition der Gleichungen *A* bis *D* ergibt sich wieder wie oben:

$$p = f_r + f_f + f_{sch} + f_k + f_s + \frac{w^2}{2g}\gamma_u.$$

Beispiel 26. Statische Zugstärke des Schornsteins gemessen: $p = 25$ mm
Im Betrieb bei normal geöffnetem Schieber gemessen:

A am Schornsteinfuß	$p_s = 20$ mm	
B hinter dem Schieber	$p_k = 18$	„
C vor dem Schieber	$p_f = 10$	„
D über dem Rost	$p_r = 3$	„ .

Berechnet:

1. Widerstand im Schornsteinschacht und Geschwindigkeitshöhe der austretenden Gase $f_s + \frac{w^2}{2g}\gamma_u = p - p_s = 25 - 20 = 5$ mm;
2. Widerstand im Rauchkanal $f_k = p_s - p_k = 20 - 18 = 2$ mm;
3. Widerstand des Schiebers (Zugüberschuß) $f_{sch} = p_k - p_f = 18 - 10 = 8$ mm;
4. Widerstand in den Feuerzügen $f_f = p_f - p_r = 10 - 3 = 7$ mm;
5. Rostwiderstand $f_r = p_r = 3$ mm.

Summe sämtlicher Widerstände 1 bis 5 $= 5 + 2 + 8 + 7 + 3 = 25$ mm = gemessene statische Zugstärke.

Statt die Zugstärken an den Stellen A bis D einzeln zu messen und die Widerstände durch Differenzbildung zu ermitteln, stellt man zweckmäßig die Widerstände selbst durch Differenzzugmessung fest.

Da es wohl unmöglich sein dürfte, alle genannten Größen im voraus durch Rechnung zu bestimmen, soll im folgenden nur untersucht werden, wie groß die Zugstärke eines Schornsteins unter bestimmten Verhältnissen überhaupt wird, welche Gasmenge er absaugen kann, um wieviel sich die Zugstärke bei Temperatursenkung der Abgase vermindert und welchen Einfluß die Lufttemperatur sowie die Höhe und die lichte Weite des Schornsteins auf Zugstärke und durchgesaugte Gasmenge haben. Unterschiede des Barometerstandes sowie der Windeinfluß sollen unberücksichtigt bleiben.

b) **Berechnung der statischen Zugstärke.** Bezeichnet man mit $\gamma = 1{,}3$ das angenäherte spezifische Gewicht von Luft oder Rauchgas bei 0° in kg/cbm, dann beträgt das Gewicht von

$$1 \text{ cbm Rauchgas bei } t_1°\colon \quad \gamma_1 = \frac{\gamma}{1 + \alpha t_1},$$

$$1 \text{ cbm Luft bei } t_2°\colon \quad \gamma_2 = \frac{\gamma}{1 + \alpha t_2} \quad \left(\text{mit} \quad \alpha = \frac{1}{273}\right),$$

also die statische Zugstärke eines Schornsteins von H m Höhe bei $t_1°$ mittlerer Abgastemperatur im Schornsteinschacht

$$p = (\gamma_2 - \gamma_1) H = H\left(\frac{\gamma}{1 + \alpha t_2} - \frac{\gamma}{1 + \alpha t_1}\right)$$

oder

$$p = H \alpha \gamma \frac{t_1 - t_2}{(1 + \alpha t_1)(1 + \alpha t_2)}.$$

Zahlentafel 10.

Statische Zugstärke p in mm WS.

$t_1 =$	50°	100°	150°	200°	250°	300°	400°	500°	600°
$t_2 =$					−20°				
$p =$ für $H = 30$	9,1	13,6	16,9	19,5	21,7	23,5	26,8	28,3	29,8
40	12,1	18,1	22,6	26,1	29,0	31,4	35,7	37,7	39,7
50	15,1	22,6	28,2	32,6	36,2	39,2	44,6	47,2	49,7
60	18,1	27,1	33,8	39,1	43,4	47,0	53,5	56,5	59,6
70	21,2	31,6	39,5	45,7	50,7	54,8	62,5	66,0	69,5
80	24,2	36,2	45,2	52,2	58,0	62,7	71,4	75,4	79,5
90	27,2	40,7	50,7	58,7	65,2	70,6	80,3	84,8	89,4
100	30,2	45,2	56,3	65,2	72,4	78,5	89,3	94,3	99,2
$t_2 =$					± 0°				
$p =$ für $H = 30$	6,1	10,4	13,8	16,5	18,6	20,4	23,2	25,2	26,8
40	8,1	13,9	18,4	22,0	24,9	27,2	30,9	33,6	35,6
50	10,1	17,4	23,0	27,5	31,1	34,0	38,6	42,0	44,7
60	12,1	20,9	27,6	33,0	37,3	41,8	46,3	50,4	53,6
70	14,1	24,3	32,2	38,5	43,5	47,7	54,0	58,8	62,6
80	16,2	27,8	36,8	44,0	49,7	54,4	61,8	67,2	71,5
90	18,2	31,3	41,4	49,5	56,0	61,2	69,5	75,6	80,5
100	20,2	34,8	46,0	55,0	62,2	68,5	77,2	84,0	89,4
$t_2 =$					+ 20°				
$p =$ für $H = 30$	3,4	8,0	11,1	13,8	16,0	17,7	20,5	22,6	24,2
40	4,5	10,4	14,9	18,4	21,4	23,7	27,3	30,1	32,2
50	5,6	13,0	18,6	23,0	26,7	29,6	34,1	37,6	40,3
60	6,7	15,6	22,3	27,6	32,1	35,5	40,9	45,2	48,4
70	7,8	18,2	26,0	32,2	37,4	41,4	47,7	52,7	56,5
80	9,0	20,8	29,8	36,8	42,7	47,3	54,5	60,2	64,5
90	10,1	23,4	33,5	41,4	48,0	53,2	61,3	67,7	72,6
100	11,2	26,0	37,2	46,0	53,4	58,2	86,2	75,2	80,7
$t_2 =$					+ 40°				
$p =$ für $H = 30$	1,05	5,5	8,9	11,5	13,7	15,4	18,2	20,3	21,8
40	1,4	7,3	11,8	15,4	18,2	20,5	24,2	27,0	29,0
50	1,75	9,1	14,75	19,2	22,8	25,7	30,3	33,8	36,3
60	2,1	10,9	17,7	23,0	27,3	30,8	36,3	40,6	43,5
70	2,45	12,7	20,6	26,9	31,9	36,0	42,3	47,3	50,8
80	2,8	14,6	23,6	30,7	36,4	41,1	48,4	54,1	58,1
90	3,15	16,4	26,5	34,6	41,0	46,2	54,4	60,8	65,3
100	3,5	18,2	29,5	38,4	35,5	51,3	60,5	67,6	72,6

Hieraus ergibt sich

1. in welcher Weise bei gleichbleibender Schornsteinhöhe und gleichbleibender Außentemperatur t_1 die Zugstärke p mit zunehmender Abgastemperatur t_1 wächst,

2. daß unter sonst gleichen Umständen die Zugstärke proportional der Schornsteinhöhe H ist.

Nach dieser Gleichung ist die Zahlentafel 10 berechnet, aus der die statische Zugstärke hervorgeht in Abhängigkeit von

a) der mittleren Rauchgastemperatur t_1 im Schornstein,
b) der Lufttemperatur t_2,
c) der Schornsteinhöhe H.

In Abb. 11 ist die Zahlentafel für eine Außentemperatur von $t_2 = +20°$ dargestellt.

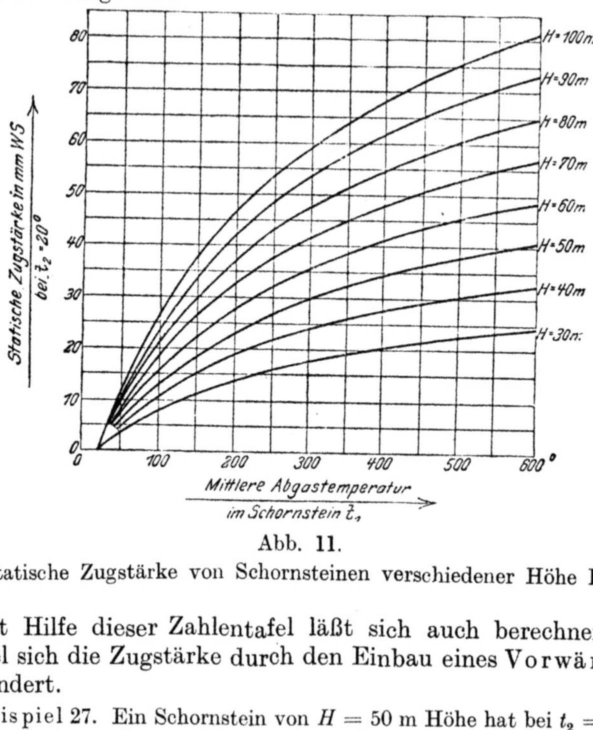

Abb. 11.
Statische Zugstärke von Schornsteinen verschiedener Höhe H.

Mit Hilfe dieser Zahlentafel läßt sich auch berechnen, um wieviel sich die Zugstärke durch den Einbau eines Vorwärmers vermindert.

Beispiel 27. Ein Schornstein von $H = 50$ m Höhe hat bei $t_2 = +20°$ Lufttemperatur und $t_1 = 300°$ mittlerer Abgastemperatur nach Zahlentafel 10 eine statische Zugstärke von 29,6 mm; es sei durch Messung des Schieberwiderstandes ein Zugüberschuß von 5 mm festgestellt. Durch Einbau eines Vorwärmers senke sich die mittlere Gastemperatur auf 200°. Dadurch vermindert sich nach Zahlentafel 10 die Zugstärke auf 23,0 mm, also um $29{,}6 - 23{,}0 = 6{,}6$ mm. Infolge der Gasreibung im Vorwärmer verminderc sich die Zugstärke nach Angabe der liefernden Firma um weitere 3 mm, also im ganzen um $6{,}6 + 3 = 9{,}6$ mm, von denen nur 5 mm durch den Zugüberschuß gedeckt werden, der Rest von 4,6 mm kann bei $t_1 = 200°$ aufgebracht werden:

Zahlentafel 11.

Theoretisches Gasgewicht G kg/sek für 1 qm Schornsteinquerschnitt und theoretische Gasgeschwindigkeit w in m/sek.

t_1 =	50°		100°		150°		200°		250°		300°		400°		500°		600°	
	G	w	G	w	G	w	G	w	G	w	G	w	G	w	G	w	G	w
t_2 =	−20°																	
H = 30	14,0	12,7	15,8	16,7	16,6	19,9	16,9	22,6	17,0	25,1	16,9	26,8	16,6	31,6	16,0	34,4	15,4	37,9
40	16,1	14,7	18,3	19,1	19,2	23,0	19,5	26,2	19,7	29,0	19,5	31,6	19,2	36,4	18,4	40,0	17,8	43,7
50	18,0	16,4	20,4	21,6	21,5	25,7	21,9	29,2	21,9	32,4	21,8	35,2	21,4	40,7	20,6	44,8	19,9	49,0
60	19,7	18,0	22,4	23,6	23,5	28,2	23,9	32,0	24,0	35,4	23,9	38,6	23,4	44,6	22,5	49,0	21,8	53,5
70	21,3	19,5	24,2	25,5	25,5	30,4	25,9	34,6	26,0	28,3	25,7	41,7	25,4	48,2	24,4	53,0	23,5	57,9
80	22,8	20,8	25,9	27,3	27,2	32,5	27,6	37,0	27,8	41,0	27,6	44,6	27,2	51,5	26,1	56,7	25,1	61,8
90	24,1	22,0	27,4	28,9	28,8	34,4	29,4	39,2	29,5	43,4	29,2	47,3	28,8	54,6	27,6	60,1	26,6	65,7
100	25,4	23,2	28,9	30,5	30,4	36,2	31,0	41,3	31,0	45,7	30,8	49,9	30,3	57,5	29,1	63,3	28,1	69,2
t_2 =	+0°																	
H = 30	11,4	10,5	13,9	14,6	15,0	18,0	15,5	20,8	15,7	23,2	15,7	25,5	15,5	29,3	15,0	32,7	14,6	36,0
40	13,2	12,0	16,0	16,9	17,4	20,8	18,0	24,0	18,2	26,8	18,2	29,4	17,9	23,9	17,4	37,8	16,7	41,4
50	14,7	13,4	17,9	18,9	19,4	23,2	20,1	26,9	20,3	30,0	20,3	32,8	20,0	37,9	19,4	42,3	18,8	46,4
60	16,1	14,7	19,6	20,7	21,3	25,4	22,0	29,5	22,3	32,8	22,3	36,4	21,8	41,5	21,3	46,3	20,6	50,8
70	17,4	15,9	21,2	22,4	23,0	27,5	23,8	31,8	24,1	35,4	24,0	38,9	23,6	44,8	23,0	50,0	22,3	54,9
80	18,6	17,0	22,7	24,0	24,5	29,4	25,4	34,0	25,7	37,8	25,7	41,5	25,2	48,0	24,6	53,5	23,8	58,7
90	19,7	18,0	24,1	25,4	26,1	31,1	26,9	36,0	27,3	40,2	27,2	44,0	26,8	50,8	26,1	56,7	25,3	62,3
100	20,8	19,0	25,3	26,8	27,5	32,8	28,4	38,0	28,8	42,4	28,8	46,5	28,2	53,5	27,5	59,8	26,7	65,6
t_2 =	+20°																	
H = 30	8,5	7,8	12,2	12,7	13,5	16,1	14,2	19,0	14,6	21,7	14,6	23,5	14,6	27,6	14,2	31,0	13,8	34,1
40	9,8	9,0	13,9	14,6	15,6	18,7	16,4	22,0	16,9	24,9	16,9	27,4	16,8	31,9	16,4	35,8	16,0	39,3
50	11,0	10,0	15,5	16,4	17,5	20,9	18,4	24,6	18,8	27,8	18,9	30,6	18,8	35,6	18,4	40,0	17,9	44,2
60	12,0	11,0	17,0	17,9	19,1	22,0	20,1	26,9	20,7	30,4	20,7	33,6	20,5	39,0	20,1	43,8	19,6	48,3
70	12,9	11,8	18,3	19,4	20,6	24,7	21,7	29,0	22,3	32,9	22,4	36,2	22,2	42,0	21,7	47,3	21,2	52,2
80	13,9	12,7	19,6	20,7	22,1	26,0	23,2	21,1	23,8	35,1	23,9	38,8	23,7	45,0	23,3	50,6	22,6	55,7
90	4,7	13,4	20,8	22,0	23,5	28,0	24,6	32,9	25,3	37,3	25,4	41,1	25,1	47,7	24,7	53,7	24,0	50,1
100	5,5	14,1	21,0	23,1	24,5	29,5	26,0	34,7	26,7	39,3	26,6	43,0	26,5	50,3	26,0	56,5	25,3	62,3
t_2 =	+40°																	
H = 30	4,7	4,3	10,1	10,7	12,1	14,4	13,0	17,4	13,5	19,9	13,7	22,1	13,7	26,0	13,5	29,4	13,2	32,5
40	5,5	5,0	11,6	12,3	13,3	16,6	15,0	20,1	15,5	22,9	15,8	25,5	15,8	30,0	15,6	33,9	15,4	37,4
50	6,1	5,6	13,0	13,7	15,5	18,6	16,8	22,4	17,4	25,7	17,6	28,6	17,7	33,6	17,5	38,0	17,0	41,8
60	6,7	6,1	14,2	15,0	17,0	20,3	18,3	24,6	19,1	28,1	19,3	31,2	19,3	36,8	19,1	41,6	18,6	45,8
70	7,2	6,6	15,3	16,2	18,4	21,9	19,8	26,5	20,6	30,2	20,9	33,8	20,9	39,7	20,6	44,9	20,1	49,5
80	7,7	7,1	16,4	17,3	19,7	23,5	21,2	28,4	22,0	32,4	22,3	36,1	22,3	42,4	22,0	48,0	21,7	53,0
90	8,2	7,5	17,4	18,4	20,8	24,9	22,5	30,1	23,4	34,4	23,5	38,2	23,7	45,0	23,4	50,8	22,8	56,1
100	8,7	7,9	18,3	19,4	22,0	26,3	23,5	31,7	24,6	36,3	24,9	40,3	25,0	47,4	24,7	53,6	24,0	59,1

1. entweder durch Erhöhung des Schornsteins[1]) auf 60 m (Zugstärke $= 35{,}5$ mm bei $t_1 = 300°$, $29{,}6 + 4{,}6 = 34{,}2$ sind mindestens erforderlich);
2. oder durch künstlichen Zug.

Beispiel 28. Ein Schornstein von 60 m Höhe hat bei $t_2 = +20°$ Lufttemperatur und $t_1 = 350°$ mittlerer Abgastemperatur nach Zahlen-

[1]) Hierbei muß allerdings eine Verminderung der oberen lichten Weite in Kauf genommen werden, was jedoch meistens belanglos ist. Außerdem ist durch Rechnung festzustellen, ob die Standfestigkeit des Schornsteins durch die Erhöhung nicht beeinträchtigt wird.

tafel 10 eine statische Zugstärke von 38,2 mm; es sei ein Zugüberschuß von 10 mm vorhanden. Durch den Einbau eines Vorwärmers senke sich die mittlere Gastemperatur auf 250°. Dadurch vermindert sich die Zugstärke auf 32,1 mm, also um 38,2 — 32,1 = 6,1 mm. Diese Senkung wird einschließlich der Gasreibung durch den ursprünglichen Zugüberschuß gedeckt.

c) **Berechnung der durchgesaugten Gasmenge.** Bezeichnet man mit h die Höhe einer Gassäule vom spezifischen Gewicht γ_1, die dem statischen Zug p des Schornsteins das Gleichgewicht halten würde, dann ist

$$p = h\,\gamma_1 \qquad \text{oder} \qquad h = \frac{p}{\gamma_1}\,.$$

Nimmt man der Einfachheit wegen an, daß in allen Schornsteinquerschnitten die lichte Weite und damit auch die Gasgeschwindigkeit w gleich groß ist und vernachlässigt man die Reibung, dann ist

$$w = \sqrt{2 g h} = \sqrt{2 g \frac{p}{\gamma_1}}\,.$$

Das durch F qm Schornsteinquerschnitt sekundlich durchgesaugte Gasvolumen beträgt demnach

$$G_g = F \cdot w$$

und nimmt mit H und t_1 ständig zu.

Das sekundlich durchgesaugte Gasgewicht G_{kg} ergibt sich aus der Beziehung

$$G_g = \frac{G_{kg}}{\gamma}(1 + \alpha\, t_1) \qquad \text{zu} \qquad G_{kg} = \frac{G_g\,\gamma}{1 + \alpha\, t_1}\,.$$

Durch Einsetzen der Werte für G_{kg}, w und $\gamma_1 = \dfrac{\gamma}{1 + \alpha\, t_1}$ erhält man

$$G_{kg} = \frac{F\gamma}{1 + \alpha\, t_1}\sqrt{2 g \frac{p}{\gamma}(1 + \alpha\, t_1)}$$

oder

$$G_{kg} = F\sqrt{2 g p \frac{\gamma}{1 + \alpha\, t_1}}$$

und

$$w = \sqrt{2 g \frac{p}{\gamma}(1 + \alpha\, t_1)}\,.$$

Mit den Konstanten $g = 9{,}81$ und $\gamma = 1{,}3$ ergibt sich schließlich

$$G_{kg} = 5{,}05\, F\sqrt{\frac{p}{1 + \alpha\, t_1}}$$

und

$$w = 3{,}88\sqrt{p\,(1 + \alpha\, t_1)}\,.$$

Die Zahlentafel 11 enthält die hieraus berechneten theoretischen sekundlichen Werte für G in kg/qm Schornsteinquerschnitt und die zugehörigen Geschwindigkeiten w in Abhängigkeit von denselben Größen wie Zahlentafel 10. In Abb. 12 ist die Zahlentafel für eine Außentemperatur von $t_2 = +20°$ dargestellt.

Die Werte der Zahlentafel 11 sind, wie oben bemerkt, rein theoretisch unter Vernachlässigung der Reibung berechnet. In Wirklichkeit ist das durchgesaugte Gasgewicht und

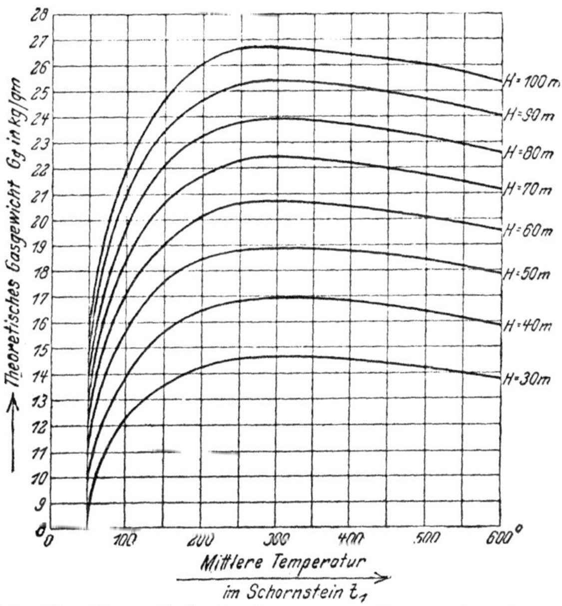

Abb. 12. Theoretisch durchgesaugtes Gasgewicht/sek./qm.

die Gasgeschwindigkeit wegen der Reibungswiderstände viel kleiner; nach Osann, Lehrbuch der Eisenhüttenkunde, beträgt das wirklich durchgesaugte Gasgewicht nur $\varphi\, G_{kg}$:

a) für Dampfkessel und gewöhnliche Flammöfen $0{,}33\, G_{kg}$,

b) für Öfen mit Regenerativfeuerung $0{,}17\, G_{kg}$,

c) für Cowper $0{,}10\, G_{kg}$.

Die wirklich erreichbare Gasgeschwindigkeit beträgt demnach ebenfalls nur $\varphi\, w$. Die Rechnung ist also ziemlich unsicher, sie gibt aber einen Einblick in die Art der Gesetzmäßigkeit.

Die Abb. 12 läßt erkennen, daß die Werte für die Gasgewichte G für alle Schornsteinhöhen bei etwa 300° ihr Maximum erreichen und bei höherer Gastemperatur langsam abnehmen.

Diese Gesetzmäßigkeiten gelten auch unter Berücksichtigung der Reibung.

Beim Entwurf neuer Schornsteine wähle man die Querschnitte noch größer, als den Gasmengen $\varphi\, G_{kg}$ entspricht, um eine gewisse Sicherheit bei späteren Erweiterungen der Anlage, bei höheren Beanspruchungen, bei Schwankungen der Temperatur und des Luftdruckes und bei widrigen Windströmungen zu haben. Um Gegenströmungen innerhalb des Schornsteins zu vermeiden, soll die lichte Weite höchstens $^1/_{25}$ der Höhe betragen. Als Grundlage dienen folgende Größen:

α) das stündliche Abgasgewicht G,

β) die mittlere Gastemperatur im Schornsteinschacht t_1,

γ) die erforderliche statische Zugstärke.

α) Das stündliche Abgasgewicht ist abhängig von der Zusammensetzung des Brennstoffes, dem Luftüberschuß und der stündlichen Brennstoffmenge B.

1. Enthält 1 kg festen oder flüssigen Brennstoffes c_1 kg Kohlenstoff, h_1' kg Wasserstoff, w_1 kg Wasser und q_1 kg Sauerstoff und bedeutet der Luftfaktor η das Verhältnis: Theoretische Luftmenge durch wirkliche Luftmenge, dann ist für B kg Brennstoff bei vollständiger Verbrennung[1])

$$G = \left[1{,}866\, c_1 + O_{\min}\left(\frac{4{,}76}{\eta} - 1\right) + 11{,}1\, h_1' + \frac{w_1}{0{,}806}\right] \cdot 1{,}3 \cdot B \text{ kg/st}$$

$$\text{mit } O_{\min} = 1{,}866\, c_1 + 5{,}55\left(h_1' - \frac{q_1}{8}\right).$$

2. Enthält 1 cbm gasförmigen Brennstoffes h_1 cbm Wasserstoff, p_1 cbm Kohlenoxyd, n_1 cbm Stickstoff, v_1 cbm Methan, k_1 cbm Kohlensäure und q_1 cbm Sauerstoff, dann beträgt für den obigen Luftfaktor η und B cbm Brennstoff bei vollständiger Verbrennung[2])

$$G = \left[A + n_1 + O_{\min}\left(\frac{4{,}76}{\eta} - 1\right) + (h_1 + 2\, v_1)\right] \cdot 1{,}3 \cdot B \text{ kg/st}$$

mit $$A = p_1 + v_1 + k_1$$

und $$O_{\min} = 0{,}5\, h_1 + 0{,}5\, p_1 + 2\, v_1\,.$$

β) Die mittlere Gastemperatur im Schornsteinschacht ist ohne Ekonomiser bei gut schließenden Schiebern und gutem Schornsteinmauerwerk etwa 30° bis 60° niedriger als die Temperatur vor den Schiebern, die bei Neuanlagen auf Grund

[1]) Mit Beziehung auf Gl. (38) (S. 60).

[2]) Mit Beziehung auf Gl. (39) (S. 60).

der Erfahrung zu schätzen ist (z. B. für Dampfkessel bei mittlerer Beanspruchung 300 bis 350°), und zwar aus folgenden Ursachen: Durch Einsaugen von Luft durch die Schieberspalten sowie durch Abkühlung im Rauchkanal und im Schornsteinschacht. Das Einsaugen von Luft durch die Schieberspalten muß möglichst vermieden werden, wenn ein Abwärmeverwerter eingebaut werden soll, weil dadurch nicht nur die Temperatur erniedrigt, sondern auch die durchgesaugte Gasmenge vermehrt wird. Dazu kommt noch folgendes: Sind in einer Kesselanlage ein oder mehrere Kessel wegen Reinigung außer Betrieb, dann werden zur Lüftung der Feuerzüge die Schieber dieser Kessel gewöhnlich etwas hochgezogen. Dies ist bei Abwärmeverwertung stets zu vermeiden. Die Schieber dieser Kessel sind immer dicht zu schließen und die Lüftung wird zweckmäßig durch ein an einen fest aufgestellten oder besser versetzbaren Ventilator angeschlossenes Rohr bewirkt, das verschließbare Abzweigungen nach den Kesselfüchsen vor den Schiebern besitzt. Ferner empfiehlt es sich, die Schieber mit Blechhauben zu versehen oder durch Drehklappen zu ersetzen. Die Abkühlung der Gase im Rauchkanal und im Schacht eines gemauerten Schornsteins ist gering, wenn nicht etwa Grundwasser in den Kanal eingedrungen ist.

γ) Die erforderliche statische Zugstärke läßt sich nur auf Grund der Erfahrung in ähnlichen Anlagen annehmen. Zweckmäßig macht man zur notwendigen Zugstärke einen Zuschlag von 10 bis 15 mm, der durch Drosseln des Schiebers als Zugüberschuß aufzuzehren ist.

Beispiel 29. Berechnung eines Schornsteins für eine Kesselanlage mit 5 Kesseln von je 100 qm Heiz- und 3 qm Rostfläche. Angenommen:

Stündliche Kohlenmenge	$B = 1500$ kg
Brennstoffzusammensetzung	$c_1 = 0,70$ „
	$h_1 = 0,06$ „
	$q_1 = 0,08$ „
	$w_1 = 0,05$ „
Notwendige Zugstärke für Rost und Feuerzüge	$= 12$ mm
Zugüberschuß an den Schiebern	$= 12$ „
Zugverlust im Rauchkanal und Schornstein	$= 4$ „

Geschwindigkeit der abziehenden Gase im Schornstein

$$w = 5 \text{ m/sek (versuchsweise)}.$$

Zugehöriger Zugaufwand

$$\frac{w^2}{2g}\frac{\gamma}{1+\alpha t_1} = \frac{5^2}{2\cdot 9,81}\,\frac{1,3}{1+\frac{1}{273}\cdot 270} \cong 1 \text{ mm}.$$

Statische Zugstärke p = Summe = 12 + 12 + 4 + 1 = 29 mm,
Abgastemperatur vor den Schiebern 300°,
Mittlere Temperatur im Schornstein $t_1 = 270°$,
Luftfaktor $\eta = 0{,}6$.

Berechnet:

$$O_{\min} = 1{,}866 \cdot 0{,}70 + 5{,}55\,(0{,}06 - 0{,}01) = 1{,}582 \text{ cbm}.$$

Stündliches Abgasgewicht:

$$G = \left[1{,}866 \cdot 0{,}70 + 1{,}582\left(\frac{4{,}76}{0{,}6} - 1\right) + 11{,}1 \cdot 0{,}06 + \frac{0{,}05}{0{,}806}\right] \cdot 1{,}3 \cdot 1500$$
$$= \infty\ 26\,000 \text{ kg}.$$

Sekundliches Abgasgewicht $\varphi\, G_{kg} = \frac{26000}{3600} = 7{,}2$ kg,

Sekundliches Abgasvolumen $= \frac{7{,}2}{1{,}3}\left(1 + \frac{1}{273}\,270\right) = 11{,}1$ cbm,

Theoretisches sekundliches Gasgewicht $G_{kg} = \frac{7{,}2}{\varphi} = \frac{7{,}2}{0{,}33} = 22$ kg.

Der Schornsteinberechnung wird der Sicherheit wegen der doppelte Betrag zugrunde gelegt, also $G = 44$ kg. Für eine Lufttemperatur von $t_2 = +20°$ ergibt sich aus den Zahlentafeln 10 und 11 sowie mit $G_g = 44$ kg folgende Zusammenstellung:

Schornsteinhöhe m	Statische Zugstärke p mm WS	Theoretisches sekundliches Gasgewicht G = kg/qm	Erforderlicher Schornsteinquerschnitt für G = 44 kg	Lichte Weite des Schornsteines m	Verhältnis $d_m : H$
40	22,6	16,9	2,6	1,82	1 : 22
50	28,7	18,9	2,3	1,71	1 : 29
60	33,8	20,7	2,1	1,64	1 : 37
70	39,9	22,4	1,95	1,58	1 : 44

Gewählt sei:

$$d = 1{,}7 \text{ m obere lichte Weite } (F = 2{,}27 \text{ qm}), \quad H = 55 \text{ m}.$$

Aus Zahlentafel 11 ergibt sich die theoretische Gasgeschwindigkeit an der Schornsteinmündung zu

$$w_{\text{theoret.}} = 30 \text{ m/sek},$$

ferner

$$w_{\text{wirkl.}} = \frac{\varphi}{2} \cdot 30 = \frac{0{,}33}{2} \cdot 30 = 4{,}95 \text{ m/sek}.$$

Aus dem sekundlichen Abgasvolumen 11,1 cbm ergibt sich der letztere Wert auch zu

$$w_{\text{wirkl.}} = \frac{11{,}1}{2{,}27} = 4{,}9 \text{ m/sek}$$

in guter Übereinstimmung mit der Erfahrung.

d) Berechnung der Abgasverwerter. Für einen Rauchgasvorwärmer sei

M die stündliche Speisewassermenge in kg,
t_e ihre Eintrittstemperatur in den Vorwärmer,
t_a ihre Austrittstemperatur aus dem Vorwärmer,
G das stündliche Gasgewicht in kg,
t_v die Gastemperatur vor dem Vorwärmer,
t_u die Gastemperatur hinter dem Vorwärmer,
c_p die spezifische Wärme der Heizgase = 0,24 WE/kg,
k die Wärmedurchgangszahl = 8 WE/st/qm/1°,
H_v die Heizfläche des Vorwärmers.

Man ersieht aus Zahlentafel 10, wie weit man t_u senken darf, damit die Zugstärke noch ausreicht (siehe Beispiel); dann sind alle Größen gegeben mit Ausnahme der Austrittstemperatur t_a des Speisewassers und der Heizfläche H_v. Die Wassereintrittstemperatur soll mindestens 40° betragen, damit der Vorwärmer nicht durch Niederschlagswasser aus den Abgasen rostet.

Die stündlich vom Speisewasser aufgenommene Wärmemenge ist gleich

I. der von den Abgasen abgegebenen Wärmemenge,
II. der durch die Heizfläche gegangenen Wärmemenge.

Also:

$$\text{I.}\quad M(t_a - t_e) = G\,c_p\,(t_v - t_u)\,,$$

$$\text{II.}\quad M(t_a - t_e) = k\,H_v\left(\frac{t_v + t_u}{2} - \frac{t_a + t_e}{2}\right).$$

Diese Gleichungen nach t_a und H_v aufgelöst liefern:

$$\text{I.}\quad t_a = \frac{G\,c_p}{M}(t_v - t_u) + t_e\,,$$

$$\text{II.}\quad H_v = \frac{M(t_a - t_e)}{k\left(\frac{t_v + t_u}{2} - \frac{t_a + t_e}{2}\right)}.$$

H_v ist dann die größte überhaupt anwendbare Heizfläche, weil nach obiger Annahme die Austrittstemperatur der Heizgase so weit gesenkt wird, daß die natürliche Zugstärke eben noch ausreicht. Will man dagegen eine bestimmte Austrittstemperatur t_a des Speisewassers erreichen, dann löst man Gleichung I nach t_u auf und setzt diesen Wert in Gleichung II ein; bei dieser Rechnungsweise kann jedoch t_u größer oder kleiner werden als die notwendige Zugstärke erfordert.

Im ersten Fall sind dann die Abgase nicht voll ausgenützt, im zweiten Fall muß man die Zugstärke durch Erhöhung des Schornsteins oder durch einen Ventilator vergrößern. Nach diesen Darlegungen soll eine Zahlentafel mit folgenden, mittleren Verhältnissen entsprechenden Annahmen berechnet werden:

Temperatur des Speisewassers beim Eintritt in den Vorwärmer: $t_e = 40^\circ$,

Verdampfungsziffer $= \frac{\text{Wassermenge}}{\text{Kohlenmenge}} = 7$,

Speisewassermenge: $M = 1000$ kg/st,

Gasgewicht für 1 kg Kohle 17,5 kg,

Gasgewicht in der Stunde $G = \frac{1000}{7} \cdot 17{,}5 = 2500$ kg/st.

Durch Einsetzen dieser Annahmen gehen die Gleichungen für t_a und H_v über in

$$t_a = \frac{2500 \cdot 0{,}24}{1000}(t_v - t_u) + 40 = 0{,}6\,t_v - 0{,}6\,t_u + 40$$

$$H_v = \frac{1000\,(t_a - 40)}{8\left(\frac{t_v + t_u}{2} - \frac{t_a + 40}{2}\right)} = \frac{250\,(t_a - 40)}{t_v + t_u - t_a - 40}.$$

Aus diesen Gleichungen ergibt sich die Zahlentafel 13, aus der bei bestimmten Gaseintrittstemperaturen t_v und angenommener Gasaustrittstemperatur t_u die zugehörige Austrittstemperatur t_a des Speisewassers (oder umgekehrt) sowie die für je 1000 kg Speisewasser bei den gewählten Temperaturen erforderliche Heizfläche H_v zu entnehmen ist. In Abb. 13 ist die zur Erreichung bestimmter Speisewassertemperaturen notwendige Heiz-

Zahlentafel 13.

Gasaustrittstemperatur t_u und Heizfläche H_v für je 1000 kg Speisewasser.

	$t_v =$	200°	250°	300°	350°	400°	450°
$t_u =$	für $t_a = 80^\circ$	133°	183°	233°	283°	333°	383°
	„ $t_a = 100^\circ$	100	150	200	250	300	350°
	„ $t_a = 120^\circ$	67	117	167	217	267	317
	„ $t_a = 140^\circ$	33	83	133	183	233	283
$H_v =$ qm	für $t_a = 80^\circ$	47	32	24	20	16	14
	„ $t_a = 100^\circ$	94	58	42	33	27	23
	„ $t_a = 120^\circ$	187	97	65	49	40	33
	„ $t_a = 140^\circ$	470	163	99	71	55	45

fläche in Abhängigkeit von der Gaseintrittstemperatur dargestellt[1]). Aus Abb. 13 geht hervor, daß bei Gaseintrittstemperaturen unter 300° die notwendige Heizfläche mit Abnahme der Gastemperatur rasch anwächst und daß bei Gaseintrittstemperaturen über 300° mit verhältnismäßig geringen Heizflächen beträchtliche Speisewassertemperaturen erreicht werden können. Im allgemeinen wird man sich bei Gaseintrittstemperaturen unter 250° mit verhältnismäßig niedrigen Speisewassertemperaturen begnügen müssen, schon mit Rücksicht auf die Verminderung des Schornsteinzuges.

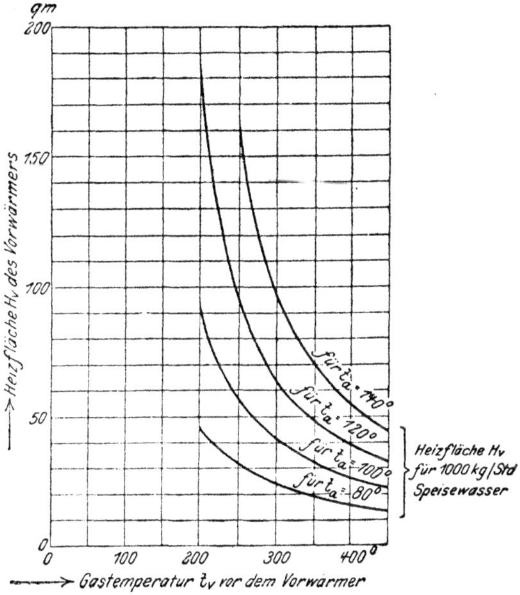

Abb. 13. Heizfläche von Abgas-Vorwärmern.

Beispiel 30. In die Kesselanlage des letzten Beispiels soll ein Rauchgasvorwärmer eingebaut werden, der die Abgaswärme so weit ausnützen soll, daß zur Sicherheit noch ein Zugüberschuß von 3 mm bleibt. Die zu treffenden Annahmen seien wie folgt zusammengestellt:

Statische Zugstärke des Schornsteins		p = 31 mm
Notwendige „ „ „		17 „
Zugüberschuß		14 „
Gaseintrittstemperatur		t_v = 300°
Speisewassereintrittstemperatur		t_a = 40°
Mittlere Temperatur im Schornstein ohne Vorwärmer		270°
Zugverlust durch Gasreibung im Vorwärmer	4 mm	= 14 mm
Zugverlust durch Gasabkühlung im Vorwärmer	7 „	
Bleibender Zugüberschuß	3 „	
Stündliche Abgasmenge	G = 26 000 kg	
Stündliche Speisewassermenge	M = 10 500 „ [2])	

[1]) Im Temperaturbereich über t_v = 350° kommt man mit noch kleineren Heizflächen aus, weil k mit dem Temperaturgefälle wächst.

[2]) Bei 7facher Verdampfung.

Die Abkühlung der Gase darf also nicht weiter getrieben werden als bis zu einem Zugverlust von 7 mm, wodurch sich die statische Zugstärke auf 31 — 7 = 24 mm vermindert. Nach Zahlentafel 10 ist diese statische Zugstärke bei einer mittleren Schornsteintemperatur von 150° erreicht. Rechnet man zwischen der Gasaustrittstemperatur in den Vorwärmer und der mittleren Schornsteintemperatur denselben Unterschied wie ohne Vorwärmer, nämlich 300 — 270 = 30°, so ist die Gasaustrittstemperatur aus dem Vorwärmer zu $t_{ll} = 150 + 30 = 180°$ anzunehmen.

Damit ergibt sich nach Gl. (I) (S. 107) die Austrittstemperatur des Speisewassers zu

$$t_a = \frac{26\,000 \cdot 0{,}24}{10\,500}(300 - 180) + 40 = 111° .$$

Die für Überschlagsrechnungen bestimmte Zahlentafel 13 hätte mit linearer Interpolation 112° ergeben.

Nach Gl. (II) beträgt die notwendige Heizfläche

$$H_v = \frac{10\,500\,(111 - 40)}{8\left(\frac{300 + 180}{2} - \frac{111 + 40}{2}\right)} = 568 \text{ qm}.$$

Die Zahlentafel 13 hätte für je 1000 kg Speisewasser eine Heizfläche von 56 qm, also im ganzen 10,5 · 56 = 588 qm ergeben.

Die durch den Einbau eines Vorwärmers zu erzielende Kohlenersparnis ist schon S. 84 berechnet.

Die Berechnung sonstiger Abgasverwerter erfolgt ähnlich.

Zahlentafel 14.

Art der Wärmeübertragung	k	Bemerkungen
Von Dampf an Wasser zur Dampferzeugung	3500	Der Dampf durchströmt Rohrschlangen, die in einen zylindrischen Dampfkessel eingebaut sind
Von Warmwasser an Wasser zur Erwärmung	1000	Das Warmwasser durchströmt Rohrschlangen, die im Gegenstrom von dem zu erwärmenden Wasser bespült werden
Von Heißwasser an Luft	8	Radiatoren der Sammelheizungen
Von heißen Abgasen an Wasser zur Dampferzeugung (große Gasgeschwindigkeit)	36	Abhitzekessel der M. A. N.
Von heißen Abgasen an strömendes Wasser (geringe Gasgeschwindigkeit	8—10	Ekonomiser
Von Gas an Dampf	10—12	Überhitzer
Von Dampf an Luft	12	Kalorifer von Junkers
Von Gas an Luft	5—7	Abhitzeverwerter

Die Werte der Wärmedurchgangszahl k sind nach den neuesten Veröffentlichungen[1]) in vorstehender Zusammenstellung enthalten:

VIII. Messung von Luft- und Gasmengen.

Der unmittelbaren Messung von Luft- und Gasmengen ist, wenn möglich, der Vorzug gegenüber der später folgenden Berechnung aus der Frisch- und Abgasanalyse und der Brennstoffzusammensetzung zu geben. Notwendig ist diese Messung (zum mindesten die Gasmessung) bei der Aufstellung von Wärmebilanzen für Gasfeuerungen.

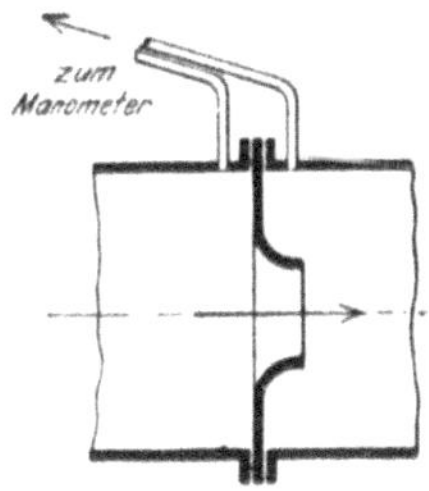

Abb. 14.

Das Volumen der sekundlich durch einen Rohrquerschnitt strömenden Gasmenge wird dadurch gemessen, daß man in die Leitung ein einen kleinen Druckabfall erzeugendes Hindernis: Düse (Abb. 14), Staurand (Abb. 15 und 16) oder Venturirohr (Fig. 17) einbaut und den Druckabfall mittels eines feingeteilten Differentialmanometers feststellt. Dann ist das sekundliche Gasvolumen (cbm) gleich dem Messungsquerschnitt (qm) mal der in diesem Querschnitt herrschenden Geschwindigkeit w (m). Das zugehörige Gasgewicht erhält man durch Multiplikation des Volumens mit dem spezifischen Gasgewicht γ (kg/cbm).

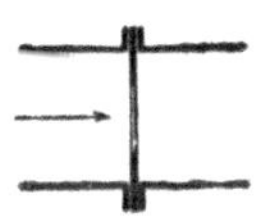

Abb. 15.

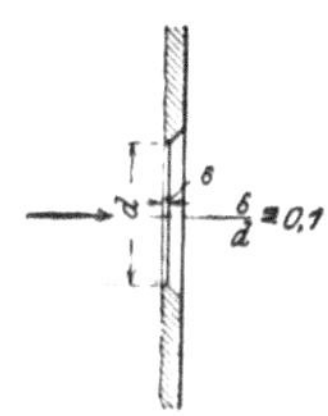

Abb. 16.

Die Rechnungsgrundlage[2]) bildet die bekannte Ausflußformel:

$$w = \sqrt{2gh}$$

oder

$$h = \frac{w^2}{2g}.$$

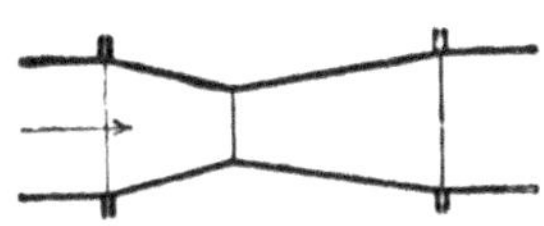

Abb. 17.

Hierin ist

w = Gasgeschwindigkeit in m/sek,

g = 9,81 m/sek^2,

h = Höhe einer Gassäule in m, die die Geschwindigkeit w erzeugt.

---

[1]) Z. B. Technische Mitteilungen und Nachrichten der Vereine usw., Verlag Krüger, G. m. b. H., Dortmund 1919, Nr. 19 u. 20; Zeitschr. d. Bayer. Rev.-Vereins 1914, S. 163.

[2]) Die folgenden Betrachtungen gelten nur für den Fall, daß im engsten Querschnitt die sog. kritische Geschwindigkeit nicht überschritten wird.

Eine Gassäule von der Höhe h erzeugt den Druck

$p = h\gamma$ in kg/qm oder, was dasselbe ist, in mm WS.

Der Druck p kann demnach mittels eines Wasser-Differentialmanometers unmittelbar gemessen werden. Also ist auch

$$w = \sqrt{2g\frac{p}{\gamma}}.$$

Für den Querschnitt F (qm) ist demnach

sekundliches Gasvolumen: $V = Fw = F\sqrt{2g\frac{p}{\gamma}}$ cbm/sek

„ Gasgewicht: $G = Fw\gamma = F\sqrt{2gp\gamma}$ kg/sek.

Man hat zu unterscheiden:

1. statische Druckhöhe

$$h_{stat} = \frac{p}{\gamma};$$

diese würde ein mit der Geschwindigkeit des Gases in seiner Strömungsrichtung bewegtes Manometer anzeigen;

2. dynamische Druckhöhe

$$h_{dyn} = \frac{w^2}{2g};$$

das ist die Druckhöhe, die die Geschwindigkeit w erzeugt;

3. Gesamt-Druckhöhe

$$h_{ges} = h_{stat} + h_{dyn}; \quad \ldots\ldots \quad \text{(Gl. 60)}$$

diese ist für jeden Querschnitt konstant, wenn man den Einfluß der Reibung vernachlässigt.

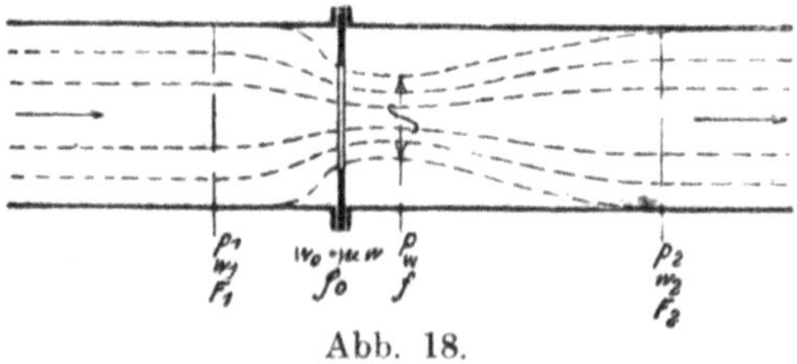

Abb. 18.

a) **Staurand.** Setzt man nach Abb. 18 einen nach Abb. 16 ausgebildeten scharfkantigen Staurand (Stauscheibe) als Hindernis in eine Rohrleitung, so nimmt der Gasstrahl etwa die gestrichelte Form an und erleidet hinter dem Staurand eine Verengung; der engste Querschnitt betrage f qm.

Die statischen Gasdrücke, Geschwindigkeiten und Querschnitte seien an den vier angegebenen, in der Strömungsrichtung folgenden Querschnitten wie folgt bezeichnet:

1. Gasdruck $= p_1$ mm WS, Geschwindigkeit $= w_1$ m/sek, Querschnitt $= F_1$ qm — vor dem Staurand.
2. Geschwindigkeit $= w_0$ m/sek, Querschnitt $= f_0$ qm — in der Staurandebene.
3. Gasdruck $= p$ mm WS, Geschwindigkeit $= w$ m/sek, Querschnitt $= f$ qm — an der engsten Stelle des Strahles.

Das Verhältnis $\mu = \frac{f}{f_0}$ bezeichnet man als Kontraktionszahl[1]; mit dieser Bezeichnung wird auch $w_0 = \mu w$.

4. Gasdruck $= p_2$ mm, Geschwindigkeit $= w_2$ m/sek, Querschnitt $= F_2$ qm — an der Stelle, an der der Strahl das Rohr voll ausfüllt.

Die Kontraktionszahl μ[2] ist vom Querschnittsverhältnis $\frac{f_0}{F_1} = m$ abhängig und aus Zahlentafel 15 oder Abb. 19 zu entnehmen.

Zahlentafel 15.

Die Kontraktionszahl μ.

$m = \frac{f_0}{F_1}$	$\sqrt{m} = \frac{d}{D}$	μ für Wasser	μ für Luft[3]
0,0	0,0	0,615	0,635
0,1	0,316	0,620	0,637
0,2	0,447	0,635	0,642
0,3	0,548	0,650	0,653
0,4	0,632	0,665	0,668
0,5	0,707	0,690	0,689
0,6	0,774	0,735	0,717
0,7	0,836	0,785	0,756
0,8	0,894	0,855	0,808
0,9	0,948	0,925	0,883
1,0	1,000	1,000	1,000

[1]) Streng genommen ist $\mu = \alpha \cdot \varphi$ zu setzen, worin α die eigentliche Kontraktionszahl und φ die Reibungszahl ist.

[2]) A. O. Müller, Forschungsarbeiten Heft 49 (Verein deutsch. Ing.); Weißbach, Ingenieurmechanik, 5. Aufl., S. 1046. Mitteilung Nr. 40 der Wärmestelle des Vereins deutscher Eisenhüttenleute, Düsseldorf 1922 (Dr. Langen).

[3]) Dr. Langen, siehe Fußnote [2]).

Nach Einführung der obigen Bezeichnungen ergibt sich aus Gl. (60):

$$\underbrace{\frac{p_1}{\gamma}+\frac{w_1^2}{2g}}_{\text{Querschnitt 1}}=\underbrace{\frac{p}{\gamma}+\frac{w^2}{2g}}_{\text{Querschnitt 3}}=\underbrace{\frac{p_2}{\gamma}+\frac{w_2^2}{2g}+\frac{(w-w_2)^2}{2g}}_{\text{Querschnitt 4}} \quad . \; . \; (\text{Gl. } 61)$$

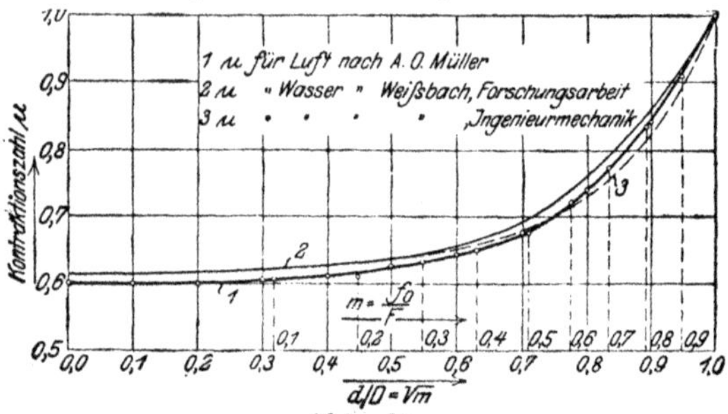

Abb. 19.

Das Glied $\frac{(w-w_2)^2}{2g}$ ist der sog. Carnotsche Stoßverlust, der bei der Zunahme des Gasdruckes von p auf p_2 auftritt.

Durch Gleichsetzung[1]) von

$$V = F_1 w_1 = F_2 w_2 = f_0 \mu w$$

ergibt sich

$$w_1 = \frac{f_0}{F_1}\mu w = m_1 \mu w$$

und

$$w_2 = \frac{f_0}{F_2}\mu w = m_2 \mu w .$$

Nach Einsetzen dieser Werte geht Gl. (61) über in

$$\frac{p_1}{\gamma}+\frac{(m_1\mu w)^2}{2g}=\frac{p}{\gamma}+\frac{w^2}{2g}=\frac{p_2}{\gamma}+\frac{w^2}{2g}(1-2m_2\mu+2m_2^2\mu^2) \,. \; (\text{Gl. } 62)$$

Man kann nun die beiden zum Differentialmanometer führen den Meßrohre

α) unmittelbar vor und hinter dem Staurand anbringen, also den Druckunterschied $p_1 - p$ messen,

β) in größerer Entfernung vor und hinter dem Staurand anbringen, also den Druckunterschied $p_1 - p_2$ messen.

Die Wärmestelle Düsseldorf empfiehlt als Entfernungen für die Anschlüsse der Meßrohre im Fall

α) $0{,}5\,\frac{D}{m}$ vor und $0{,}05\,\frac{D}{m}$ hinter dem Staurand,

β) $2\,D$ vor und $8\,D$ bis $12\,D$ hinter dem Staurand, wobei D die lichte Rohrweite ist.

---

[1]) Die geringe Expansion des Gases beim Druckabfall sei vernachlässigt.

Je nach der Art dieser Messung verwendet man eine der aus Gl. (62) sich ergebenden Gleichungen:

$$\alpha)\quad \frac{p_1}{\gamma} + \frac{(m_1 \mu w)^2}{2g} = \frac{p}{\gamma} + \frac{w^2}{2g}$$

$$\beta)\quad \frac{p_1}{\gamma} + \frac{(m_1 \mu w)^2}{2g} = \frac{p_2}{\gamma} + \frac{w^2}{2g}(1 - 2m_2 \mu + 2m_2^2 \mu^2)\,.$$

Aus Gl. α) entsteht

$$w = \frac{1}{\sqrt{1 - m_1^2 \mu^2}} \sqrt{\frac{2g}{\gamma}(p_1 - p)}$$

und

$$V = f_0 \mu w = f_0 \frac{\mu}{\sqrt{1 - m_1^2 \mu^2}} \sqrt{\frac{2g}{\gamma}(p_1 - p)} \quad \ldots \text{(Gl. 63)}$$

Aus Gl. β) entsteht

$$w = \frac{1}{\sqrt{1 - m_1^2 \mu^2 - 2m_2 \mu + 2m_2^2 \mu^2}} \sqrt{\frac{2g}{\gamma}(p_1 - p_2)}$$

und

$$V = f_0 \mu w = f_0 \frac{\mu}{\sqrt{1 - m_1^2 \mu^2 - 2m_2 \mu + 2m_2^2 \mu^2}} \sqrt{\frac{2g}{\gamma}(p_1 - p_2)}\,. \quad \text{(Gl. 64)}$$

Gewöhnlich ist die lichte Rohrweite vor und hinter dem Staurand dieselbe, also $F_1 = F_2$; damit auch $m_1 = m_2 = m$. Dann wird im Fall

$$\alpha)\quad \boldsymbol{V = f_0 \frac{\mu}{\sqrt{1 - m^2 \mu^2}} \sqrt{\frac{2g}{\gamma}(p_1 - p)}} \quad \ldots \text{(Gl. 65)}$$

$$\beta)\quad \boldsymbol{V = f_0 \frac{\mu}{1 - m\mu} \sqrt{\frac{2g}{\gamma}(p_1 - p_2)}} \quad \ldots \text{(Gl. 66)}$$

Der Staurand ist in ein möglichst langes, gerades Rohrstück von gleichbleibendem Querschnitt einzubauen. Mit Rücksicht auf etwaige ungleichmäßige Verteilung der Geschwindigkeit über den Querschnitt schließt man zweckmäßig 3 bis 4 Rohrstutzen am Umfang an und verbindet sie durch eine Ausgleichleitung.

Zur Vermeidung des Einflusses von Wirbeln verlangt B r a n d i s:

v o r d e m S t a u r a n d einen geraden Strang von
- 4 D hinter einer Richtungsänderung,
- 8 D „ „ Querschnittsänderung;

h i n t e r d e m S t a u r a n d einen geraden Strang von
- 3 D bis zu einer Querschnittsverengung oder Richtungsänderung,
- 6 D bis zu einer Querschnittserweiterung.

Beispiel 31. Ein Dampfkessel werde mit Gichtgas des Beispiels 5 (S. 7) geheizt. Das Gasrohr habe eine lichte Weite $D = 600$ mm, der Staurand $d = 420$ mm, also $m = \frac{d^2}{D^2} = 0{,}49$. Die Messungen haben ergeben:

Druckunterschied $p_1 - p_2 = 12$ mm WS (also nach β gemessen),
Gasdruck . . . . $p_1 = 50$ „ „
Gastemperatur . $t = 25°$
Barometerstand . $B = 763$ mm QS.

Wie groß ist die sekundliche Gasmenge?

Nach Beispiel 5 ist das spezifische Gewicht

$$\gamma' = 1{,}266 \text{ kg/cbm bei } 0° \text{ und } 760 \text{ mm}$$

und die Gaskonstante $R = 29{,}9$.

Zur Berechnung des spezifischen Gewichtes bei 50 mm WS Überdruck und 25° ist in Gl. (5) S. 5

$$pv = R \cdot T$$

einzusetzen:

$$\text{Gasdruck } p = 763 \cdot 13{,}6 + 50 = 10\,430 \text{ mm WS oder kg/qm}$$

spezifisches Volumen $v = \frac{1}{\gamma}$.

Absolute Temperatur $T = 273 + 25 = 298°$;

hieraus

$$\gamma = \frac{p}{R\,T} = \frac{10\,430}{29{,}9 \cdot 298} = 1{,}17 \text{ kg/cbm}.$$

In Gl. (66) ist einzusetzen:

$$f_v = \frac{d^2\pi}{4} = \frac{0{,}42^2\pi}{4} = 0{,}138 \text{ qm}$$

$$\mu = 0{,}675 \text{ (nach Abb. 19)}$$

$$_1 - p_2 = 12 \text{ mm WS.}$$

Also sekundliches Gasvolumen

$$V = 0{,}138 \frac{0{,}675}{1 - 0{,}49 \cdot 0{,}675} \sqrt{\frac{2 \cdot 9{,}81}{1{,}17} \cdot 12} = \mathbf{1{,}98} \text{ cbm/sek}$$

bei Versuchsumständen.

Auf 0° und 760 mm umgerechnet ergibt sich

$$V' = \frac{V \cdot \gamma}{\gamma'} = 1{,}98 \frac{1{,}17}{1{,}266} = 1{,}83 \text{ cbm/sek.}$$

Sekundliches Gasgewicht

$$G = 1{,}98 \cdot 1{,}17 \quad \text{oder} \quad = 1{,}83 \cdot 1{,}266 = \mathbf{2{,}23} \text{ kg/sek.}$$

b) **Düse** (Abb. 14). Die Abmessungen der Normaldüsen für verschiedene Rohrweiten D (mit $m = 0{,}4$) sind in den Regeln für Leistungsversuche an Ventilatoren und Kompressoren[1]) angegeben. Da diese Normaldüsen wegen ihres kleinen Öffnungsverhältnisses zwar sehr genaue Messungen gestatten, jedoch einen verhältnismäßig großen Spannungsabfall verursachen, empfiehlt es sich, in den Fällen, in denen der große Spannungsabfall nicht erwünscht ist, Düsen mit größerem Öffnungsverhältnis zu benutzen

[1]) Verein deutsch. Ing. 1912.

Die Differenzdruckmessung erfolgt unmittelbar am Einspannflansch der Düse (Fall α); also ist zur Berechnung der Gasmenge V Gl. (65) zu verwenden. Eine Strahlkontraktion tritt nicht ein, folglich ist $\mu \simeq 1{,}0$ (streng genommen ist wegen der Reibung $\mu = 0{,}97 \backsim 0{,}995$ zu setzen). Demnach ist

$$V = f_0 \frac{1}{\sqrt{1-m^2}} \sqrt{\frac{2g}{\gamma}(p_1 - p)} \quad . \quad . \quad . \quad . \quad \text{(Gl. 67)}$$

Der Einbau der Düse ist ziemlich teuer und umständlich, die Zuverlässigkeit der Messungsergebnisse gut.

c) Das **Venturirohr** (Abb. 17) ist neuerdings von Siemens & Halske auch als Dampfmesser ausgebildet worden. Das eine Meßrohr des Differentialmanometers wird an einen um den Eintrittsflansch, das zweite an einen um die engste Stelle herumlaufenden Wulst angeschlossen; diese Ringwulste sind mit dem Rohrinnern durch eine Anzahl von Löchern verbunden. Das sekundliche Gasvolumen ist

$$V = f_0 \frac{C}{\sqrt{1-m^2}} \sqrt{\frac{2g}{\gamma}(p_1 - p)}, \quad . \quad . \quad . \quad \text{Gl. 68)}$$

worin C eine durch Eichung festzustellende, von m und γ abhängige Konstante ist.

Der Einbau des Venturirohres ist sehr teuer und umständlich, die Messungsergebnisse sind zuverlässig.

Von der Behandlung sonstiger Meßgeräte, wie Anemometer und Staurohr nach Brabbée oder Prandtl sei hier abgesehen, weil sich diese nur für staubfreie Gase eignen und weil es sich bei feuerungstechnischen Messungen meistens um Gase mit größerem oder geringerem Staubgehalt handelt, wodurch diese Geräte bald verschmutzt und verstopft werden würden.

d) **Zur Berechnung** der aus 1 kg Brennstoff bei der Vergasung entstehenden Gasmenge sei hier ein einfaches Verfahren angegeben, nach dem sich auch die im Hochofenbetrieb (der Hochofen ist wärmetechnisch als Gasgenerator anzusehen) entstehende Gasmenge sehr leicht berechnen läßt. Vorausgesetzt ist die Kenntnis der chemischen Zusammensetzung des Brennstoffes (beim Hochofen auch des Möllers und des C-Gehaltes des erzeugten Roheisens) und die Analyse des Gases.

Allgemein gilt folgender Satz:

In 1 cbm (bei 0° und 760 mm QS.) jeder gasförmigen Kohlenstoffverbindung (CO_2, CO, CH_4, C_2H_4, C_2H_2) sind stets soviel mal 0,536 kg C enthalten, wie das Molekül Atome C enthält; zum Beweise sei der C-Gehalt von 1 cbm der genannten Gase nachgerechnet:

1. 1 cbm CO_2 wiegt 1,965 kg,
   1 Molekül CO_2 besteht aus 12 Gewichtsteilen C und $2 \cdot 16$ Gewichtsteilen O_2;
   also enthält

$$1 \text{ cbm } CO_2: \quad \frac{1{,}965 \cdot 12}{12 + 2 \cdot 16} = 0{,}536 \text{ kg C.}$$

2. 1 cbm CO wiegt 1,25 kg,
   1 Molekül CO besteht aus 12 Gewichtsteilen C und 16 Gewichtsteilen O_2; also enthält

$$1 \text{ cbm CO}: \quad \frac{1{,}25 \cdot 12}{12 + 16} = 0{,}536 \text{ kg C.}$$

3. 1 cbm CH_4 wiegt 0,713 kg,
   1 Molekül CH_4 besteht aus 12 Gewichtsteilen C und 4 Gewichtsteilen H_2; also enthält

$$1 \text{ cbm } CH_4: \quad \frac{0{,}713 \cdot 12}{12 + 4} = 0{,}536 \text{ kg C.}$$

4. 1 cbm C_2H_4 wiegt 1,25 kg,
   1 Molekül C_2H_4 besteht aus $2 \cdot 12$ Gewichtsteilen C und 4 Gewichtsteilen H_2; also enthält

$$1 \text{ cbm } C_2H_4: \quad \frac{1{,}25 \cdot 2 \cdot 12}{2 \cdot 12 + 4} = 2 \cdot 0{,}536 \text{ kg C.}$$

5. 1 cbm C_2H_2 wiegt 1,16 kg,
   1 Molekül C_2H_2 besteht aus $2 \cdot 12$ Gewichtsteilen C und 2 Gewichtsteilen H_2; also enthält

$$1 \text{ cbm } C_2H_2: \quad \frac{1{,}16 \cdot 2 \cdot 12}{2 \cdot 12 + 2} = 2 \cdot 0{,}536 \text{ kg C.}$$

Ergibt die Gasanalyse

$$CO_2 = k\% = \frac{k}{100} \text{ cbm in 1 cbm Gas,}$$

$$CO = p\text{ ,,} = \frac{p}{100} \text{ cbm in 1 cbm Gas,}$$

$$CH_4 = v\text{ ,,} = \frac{v}{100} \text{ cbm in 1 cbm Gas,}$$

$$C_2H_4 = r\text{ ,,} = \frac{r}{100} \text{ cbm in 1 cbm Gas,}$$

$$C_2H_2 = s\text{ ,,} = \frac{s}{100} \text{ cbm in 1 cbm Gas}$$

und enthält 1 kg Brennstoff c_1 kg Kohlenstoff, dann erhält 1 cbm Gas folgende Kohlenstoffmenge:

$$\frac{0{,}536}{100}(k + p + v + 2r + 2s) \text{ kg.}$$

So oft diese Kohlenstoffmenge in c_1 enthalten ist, soviele cbm trockenes Gas entstehen aus 1 kg Brennstoff; also trockene Gasmenge aus 1 kg Brennstoff:

$$G = \frac{100\, c_1}{0{,}536\,(k + p + v + 2r + 2s)} \text{ cbm}^{1)} \text{ bei } 0^\circ \text{ und } 760 \text{ mm QS.}$$

Dazu kommt noch der bei der Verbrennung eines Teiles des Wasserstoffes und der bei der Verdampfung des hygroskopischen Wassers der Kohle entstehende sowie der etwa eingeblasene Wasserdampf.

Beispiel 32. Die Kohle, aus der das Generatorgas des Beispiels S. 93 hergestellt wurde, hatte 72,3% C-Gehalt, also $c_1 = 0{,}723$. Trockene Gasmenge aus 1 kg Kohle:

$$G = \frac{100 \cdot 0{,}723}{0{,}536\,(5{,}6 + 23{,}6 + 3{,}1)} = 4{,}18 \text{ cbm.}$$

Die beim Hochofenbetrieb entstehende Gichtgasmenge wird wie folgt berechnet: Von dem im Koks (C_{Koks}) und im Möller ($C_{Möller}$) enthaltenen Kohlenstoff wird der im erzeugten Eisen enthaltene Kohlenstoff (C_{Eisen}) abgezogen; der C-Rest muß sich im Gichtgas wiederfinden und wird durch die im trockenen Gichtgas enthaltene C-Menge dividiert. Dann ist die erzeugte Gasmenge

$$G = \frac{C_{Koks} + C_{Möller} - C_{Eisen}}{C_{Gas}}.$$

Zweckmäßig bezieht man alles auf 100 kg Koks, wie folgendes Beispiel 33 zeigt: Auf 100 kg Koks, der 78% C enthält, möge ein Möller[2]) von

180 kg Minette I	mit 11%	CO_2 =	19,8 kg CO_2	und
78 „ „ II	„ 5,5 „	CO_2 =	4,24 „ CO_2	
		zusammen	24,04 kg CO_2 = 6,5 kg C	

entfallen, woraus 79 kg Roheisen mit 4% C erzeugt werden, die 3,16 kg C enthalten.

Die Gichtgasanalyse ergab:

CO_2 = k	=	9,4%
CO = p	=	30,6 „
H_2	=	2,5 „
N_2	=	57,5 „
		100,0%

Also werden mit der für 100 kg Koks insgesamt erforderlichen Beschickung an Gichtgas erzeugt

$$G = 100\,\frac{78 + 6{,}5 - 3{,}16}{0{,}536\,(9{,}4 + 30{,}6)} = 380 \text{ cbm.}$$

---

[1]) Enthält das Gas an C-haltigen Teilen nur k und p, dann stimmt diese Formel mit Gl. (57) S. 85 überein.

[2]) Enthält der Möller auch Kalk, dann ist dessen C-Gehalt mit einzurechnen.

Anhang.

Zusammengefaßte Beispiele.

I. Feste Brennstoffe.

a) Vollkommene Verbrennung.

Beispiel 34: Bei der Verheizung von Kohle mit folgender Zusammensetzung (Beispiel 16, S. 44).

$$\left.\begin{array}{lll} C = 75\%; & \text{also } c_1 = 0{,}75 \text{ kg} & \\ H = 6\,\text{,,}; & \text{,,}\quad h_1' = 0{,}06 \text{ ,,} & \\ O_2 = 8\,\text{,,}; & \text{,,}\quad q_1 = 0{,}08 \text{ ,,} & \\ H_2O = 4\,\text{,,}; & \text{,,}\quad w_1 = 0{,}04 \text{ ,,} & \end{array}\right. \qquad h_1 = 0{,}06 - \frac{0{,}08}{8} = 0{,}05 \text{ kg}$$

sei folgendes gemessen:

CO_2-Gehalt der Abgase	.....	$k = 13{,}0\%$
O_2 ,, ,, ,,	.....	$q = 6{,}0\%$
Temperatur ,, ,,	.....	$T = 325°$ C
,, ,, Luft	......	$t_1 = 20°$ C

Es ist zu berechnen:

1. der obere Heizwert H_o,
2. ,, untere ,, H_u,
3. die theoretische Luftmenge L_{th} und die theoretische Sauerstoffmenge O_{min} für 1 kg Kohle,
4. der Luftfaktor η und die wirkliche Luftmenge für 1 kg Kohle,
5. der höchste CO_2-Gehalt k_{max} der Verbrennungsgase,
6. die Verbrennungsgasmenge von 1 kg Kohle,
7. das spezifische Gewicht der Verbrennungsgase bei 0° und 760 mm,
8. die theoretische Flammentemperatur bei $CO_2 = 13\%$,
9. der Verlust durch fühlbare Wärme der Abgase.

Berechnung:

1. Oberer Heizwert (entsprechend Gl. 7, S. 26):

$$H_o = 8100 \cdot 0{,}75 + 29000\left(0{,}06 - \frac{0{,}08}{8}\right) = \mathbf{7525} \text{ WE/kg}.$$

2. Unterer Heizwert

$$H_u = H_o - 600 \cdot 0{,}04 = \mathbf{7501} \text{ WE/kg}.$$

3. Nach Gl. (11) (S. 35) ist

$$L_{th} = L_{kg} = \frac{2{,}67 \cdot 0{,}75 + 8 \cdot 0{,}06 - 0{,}08}{0{,}23} = \mathbf{10{,}44} \text{ kg}$$

$$L_{cbm} = \frac{10{,}44}{1{,}293} = \mathbf{8{,}07} \text{ cbm bei } 0° \text{ und } 760 \text{ mm QS}.$$

Nach Gl. (10) (S. 35) ist

$$O_{min} = 2{,}67 \cdot 0{,}75 + 8 \cdot 0{,}06 - 0{,}08 = \mathbf{2{,}40}\ \text{kg}$$

oder

$$= \frac{2{,}40}{1{,}4292} = \mathbf{1{,}68}\ \text{cbm bei } 0^\circ \text{ und } 760 \text{ mm QS.}$$

Nach S. 40 ist ebenfalls

$$O_{min} = 1{,}866 \cdot 0{,}75 + 5{,}55 \cdot 0{,}05 = \mathbf{1{,}68}\ \text{cbm bei } 0^\circ \text{ und } 760 \text{ mm QS.}$$

4. Aus dem nach S. 39 aufgezeichneten Abgasschaubild (Abb. 5) ergibt sich für $CO_2 = 13{,}0\%$ und $O_2 = 6{,}0\%$ (Punkt I)

$CO = 0$ (Verbrennung also vollkommen) und

$\eta = 0{,}73$; also wurde die

$$m = \frac{1}{0{,}73} = 1{,}37 \text{fache theoretische Luftmenge zugeführt.}$$

Demnach wirkliche Luftmenge

$$L = 1{,}37 \cdot 10{,}44 = \mathbf{14{,}3}\ \text{kg}$$

oder

$$L = 1{,}37 \cdot 8{,}07 = \mathbf{11{,}05}\ \text{cbm bei } 0^\circ \text{ und } 760 \text{ mm QS.}$$

Ohne Benutzung des Schaubildes ergibt sich bei Annahme einer vollkommenen Verbrennung nach Gl. (42) (S. 60) die wirkliche Luftmenge zu

$$L = 1{,}866 \frac{0{,}75}{13{,}0}(100 - 13{,}0) + 1{,}68$$

$$= \mathbf{11{,}07}\ \text{cbm;}$$

hieraus

$$\eta = \frac{8{,}07}{11{,}07} = \mathbf{0{,}73}\,.$$

5. Nach Gl. (19a) (S. 41) ist

$$k_{max} = \frac{100 \cdot 1{,}866 \cdot 0{,}75}{1{,}866 \cdot 0{,}75 + 3{,}76 \cdot 1{,}68} = \mathbf{18{,}2}\%$$

(s. a. Zahlentafel S. 41).

6. Nach Gl. (17) (S. 40) ist das

Volumen der trockenen Verbrennungsgase

$$G_t = 1{,}866 \cdot 0{,}75 + 1{,}68\left(\frac{4{,}76}{0{,}73} - 1\right) = \mathbf{10{,}7}\ \text{cbm} \quad \text{(Beispiel 16, S. 44).}$$

Wasserdampfvolumen (entsprechend Gl. 18)

$$H_2O = 11{,}1 \cdot 0{,}06 + \frac{0{,}04}{0{,}806} = \mathbf{0{,}7}\ \text{cbm.}$$

Gesamtvolumen (entsprechend Gl. 18)

$$G_g = 10{,}7 + 0{,}7 = \mathbf{11{,}4}\ \text{cbm bei } 0^\circ \text{ und } 760 \text{ mm.}$$

Ohne Benutzung des aus dem Schaubild zu entnehmenden Luftfaktors η ergibt sich aus Gl. (43) (S. 61) die trockene Verbrennungsgasmenge zu

$$G_t = 186{,}6 \frac{0{,}75}{13{,}0} = \mathbf{10{,}77}\ \text{cbm,}$$

die Wasserdampfmenge nach Gl. (44) zu

$$H_2O = 8{,}93 \cdot 0{,}06 + 0{,}04 = \mathbf{0{,}57}\ \text{kg.}$$

Aus Beispiel 16 (S. 44) ergibt sich:
Gewicht der Verbrennungsgase von 1 kg Kohle

$$G_{kg} = \mathbf{15{,}1}\ \text{kg};$$

also

7. Spezifisches Gewicht derselben bei 0° und 760 mm

$$\gamma = \frac{15{,}1}{11{,}4} = \mathbf{1{,}32}\ \text{kg/cbm}.$$

8. Nach Gl. (46) (S. 61) ist mit Vernachlässigung von $L c_{pl} \cdot t_1$

$$t = \frac{7501}{186{,}6\,\frac{0{,}75}{13{,}0}\,c_{pv} + (8{,}93 \cdot 0{,}06 + 0{,}04)c_{pw}} = \frac{7501}{10{,}77 c_{pv} + 0{,}57 c_{pw}}.$$

Nach Beispiel 19b (S. 64) sei t vorläufig zu 1800° C angenommen, dann ist

$$c_{pv} = 0{,}375\ \text{WE/cbm} \quad \text{und} \quad c_{pw} = 0{,}554\ \text{WE/kg};$$

also

$$t = \frac{7501}{10{,}77 \cdot 0{,}375 + 0{,}57 \cdot 0{,}554} = 1720°\ \text{C};$$

für $t = 1700°$

wird

$$c_{pv} = 0{,}373\ \text{WE/cbm} \quad \text{und} \quad c_{pw} = 0{,}544\ \text{WE/kg};$$

also

$$t = \frac{7501}{10{,}77 \cdot 0{,}373 + 0{,}57 \cdot 0{,}544} = \mathbf{1735}°\ \text{C}.$$

9. Nach der Bunteschen Formel (Gl. 53, S. 80) ist

$$V_s = \left(0{,}32\,\frac{75}{0{,}536 \cdot 13{,}0} + 0{,}48\,\frac{9 \cdot 6{,}0 + 4{,}0}{100}\right)(325 - 20) = \mathbf{1120}\ \text{WE/kg};$$

$$V_s' = \frac{1120}{7501} \cdot 100 = \mathbf{15{,}0}\%.$$

Nach der Siegertschen Formel (Gl. 54) ist

$$V_s' = 0{,}65\,\frac{325 - 20}{13{,}0} = \mathbf{15{,}1}\%.$$

Nach Gl. (55) ist

$$V_s = \left[186{,}6\,\frac{0{,}75}{13{,}0}\,c_{pv} + (8{,}93 \cdot 0{,}06 + 0{,}04)\,c_{pw}\right](325 - 20);$$

hier kann nach Beispiel 21 (S. 81) gesetzt werden:

$$c_{pv} = 0{,}330\ \text{WE/cbm} \quad \text{und} \quad c_{pw} = 0{,}468\ \text{WE/kg};$$

dann wird

$$V_s = \mathbf{1150}\ \text{WE/kg} \quad \text{und} \quad V_s' = \mathbf{15{,}4}\%.$$

b) Unvollkommener Verbrennung.

Beispiel 35: Bei der Verheizung der Kohle des Beispiels 34 sei festgestellt:

CO_2-Gehalt der Abgase	$k = 13{,}0\%$
O_2- „ „ „	$q = 5{,}0\%$
Temperatur „ „	$T = 325°$ C
„ „ Luft	$t_1 = 20°$ C.

Es ist zu bestimmen:

1. der Luftfaktor η,
2. „ CO-Gehalt p der Verbrennungsgase,
3. die wirkliche Luftmenge für 1 kg Kohle,
4. „ Verbrennungsmenge von 1 kg Kohle,
5. „ theoretische Flammentemperatur,
6. der Verlust durch fühlbare Wärme der Abgase,
7. „ „ „ Bildung von CO.

Berechnung:

1. Aus dem Schaubild (Abb. 5) ergibt sich für Punkt III

$$\eta = 0{,}8; \quad \text{also} \quad m = \frac{1}{0{,}8} = 1{,}25 \text{fache theoretische Luftmenge.}$$

2. Aus der CO-Teilung ist ersichtlich

$$p = 1{,}3\%.$$

3. Mit der in Beispiel 34 zu $L_{\text{kg}} = 10{,}44$ kg oder $L_{\text{cbm}} = 8{,}07$ cbm berechneten theoretischen Luftmenge und dem Faktor $m = 1{,}25$ ergibt sich die wirkliche Luftmenge

$$L = 1{,}25 \cdot 10{,}44 = 13{,}1 \text{ kg}$$

oder

$$= 1{,}25 \cdot 8{,}07 = 10{,}1 \text{ cbm bei } 0^\circ \text{ und } 760 \text{ mm QS.}$$

4. Nach Gl. (57) (S. 86) ist die von 1 kg Kohle erzeugte trockene Verbrennungsgasmenge

$$G_t = 186{,}6 \frac{0{,}75}{13{,}0 + 1{,}3} = 9{,}78 \text{ cbm} \quad \text{bei} \quad 0^\circ \text{ und } 760 \text{ mm QS.}$$

Dazu kommt, wie in Beispiel 34, der Wasserdampf

$$H_2O = 0{,}7 \text{ cbm bei } 0^\circ \text{ und } 760 \text{ mm QS.}$$

Also Gesamtvolumen der Verbrennungsgase

$$G_g = 9{,}78 + 0{,}7 = \mathbf{10{,}48} \text{ cbm.}$$

Das Gewicht der Verbrennungsgase wird wie folgt berechnet: In 1 cbm von G_t sind enthalten:

$$k = 13{,}0\% \; CO_2, \; p = 1{,}3\% \; CO, \; q = 5{,}0\% \; O_2 \text{ und } n = 80{,}7\% \; N_2.$$

Also in $G_t = 9{,}78$ cbm:

$$\begin{aligned}
CO_2 &= 0{,}13 \cdot 9{,}78 = 1{,}271 \text{ cbm oder } 1{,}271 \cdot 1{,}965 = 2{,}50 \text{ kg}\\
CO &= 0{,}013 \cdot 9{,}78 = 0{,}127 \;\text{„}\quad\text{„}\; 0{,}127 \cdot 1{,}251 = 0{,}16 \;\text{„}\\
O_2 &= 0{,}05 \cdot 9{,}78 = 0{,}489 \;\text{„}\quad\text{„}\; 0{,}489 \cdot 1{,}429 = 0{,}70 \;\text{„}\\
N_2 &= 0{,}807 \cdot 9{,}78 = 7{,}892 \;\text{„}\quad\text{„}\; 7{,}892 \cdot 1{,}254 = 9{,}90 \;\text{„}\\
\hline
&\; 1{,}000 \cdot 9{,}78 = 9{,}78 \text{ cbm oder } 9{,}78 \cdot \gamma_t = 13{,}26 \text{ kg}
\end{aligned}$$

Dazu nach Beispiel 34 Wasserdampf

$$H_2O = 0{,}70 \text{ cbm oder } 0{,}70 \cdot 0{,}806 = 0{,}57 \text{ kg}$$

$$G_g = \text{Gesamtgewicht der Verbrennungsgase } \mathbf{10{,}48} \text{ cbm} \cdot \gamma = \mathbf{13{,}83} \text{ kg}$$

Spezifische Gewichte:

$$\gamma_t = \frac{13,36}{9,78} = 1,36 \text{ kg/cbm bei } 0^\circ \text{ und } 760 \text{ mm}$$

$$\gamma = \frac{13,83}{10,48} = 1,32 \quad ,, \quad ,, \; 0^\circ \; ,, \quad 760 \; ,,$$

5. In Gl. (46) (S. 61) bedeutet das Glied $186,6\,\frac{c_1}{k}$ das Volumen G_t der trockenen Verbrennungsgase, das Glied $(8,93\,h_1' + w_1)$ das Wasserdampfvolumen; ersteres ist hier nach Gl. (57) (S. 86) zu setzen:

$$G_t = 186,6\,\frac{c_1}{k+p} = 186,6\,\frac{0,75}{13,0+1,3} = 9,78 \text{ cbm} \qquad \text{(wie oben).}$$

Die Wasserdampfmenge beträgt nach Beispiel 34:

$$H_2O = 0,70 \text{ cbm} = 0,57 \text{ kg}.$$

Die theoretische Verbrennungstemperatur sei vorläufig zu $t = 1800^\circ$ C angenommen; damit sind die spezifischen Wärmen für

Kohlensäure CO_2:	$c_p = 0,550$ WE/cbm	$c_{pv} = 0,550 \cdot 0,13 + 0,349 \cdot 0,87$
CO, N_2 und O_2:	$c_p = 0,349$,,	$= 0,375$ WE/cbm.
Wasserdampf:	$c_{pw} = 0,544$ WE/kg	

In Gl. (46) ist vom Heizwert der Kohle die in 0,127 cbm CO steckende Verbrennungswärme $0,127 \cdot 3050 = 387$ WE abzuziehen, weil die Formel für den Kohlenheizwert nur für vollkommene Verbrennung gilt, also wird

$$t = \frac{7501 - 387}{9,78 \cdot 0,375 + 0,57 \cdot 0,554} = \mathbf{1790}^\circ \text{ C}.$$

6. Nach Gl. (53a) (S. 85) wird

$$V_s = \left(0,32\,\frac{75,0}{0,536\,(13,0+1,3)} + 0,48\,\frac{9 \cdot 6,0 + 4,0}{100}\right)(325-20) = \mathbf{1025} \text{ WE/kg}$$

$$V_s' = \frac{1025}{7501} \cdot 100 = \mathbf{13,7}\%.$$

Nach Gl. (53b) wird mit $c_{pv} = 0,330$ WE/cbm und $c_{pw} = 0,468$ WE/kg

$$V_s = \left[186,6\,\frac{0,75}{13,0+1,3} \cdot 0,330 + 0,57 \cdot 0,468\right](325 - 20) = \mathbf{1050} \text{ WE/kg}$$

$$V_s' = \frac{1050}{7501} \cdot 100 = \mathbf{14,0}\%.$$

7. Nach Gl. (57) wird wie oben

$$G_t = 9,78 \text{ cbm/kg}.$$

Nach Gl. (57a) wird

$$V_u = 9,78\,\frac{1,3}{100} \cdot 3050 = \mathbf{388} \text{ WE/kg} \quad \text{oder}$$

$$V_u' = \frac{388}{7501} \cdot 100 = \mathbf{5,2}\%.$$

II. Gasförmige Brennstoffe.

a) Vollkommene Verbrennung.

Beispiel 36: Bei der Verheizung von trockenem Gichtgas von folgender Zusammensetzung (Beispiel 17, S. 52)

H_2 = 2,6%;	also	h_1 = 0,026 cbm
CO = 32,5 „ ;	„	p_1 = 0,325 „
CO_2 = 6,2 „ ;	„	k_1 = 0,062 „
N_2 = 58,7 „ ;	„	n_1 = 0,587 „
100,0%		1,000 cbm

sei folgendes gemessen:

CO_2-Gehalt der Abgase	$k = 19{,}5\%$
O_2- „ „ „	$q = 3{,}6\%$
Temperatur „ „	$T = 280°$ C
„ „ Luft	$t_l = 20°$ C.

Es ist zu berechnen:

1. das spezifische Gewicht γ des Gases bei 0° und 760 mm QS,
2. der untere Heizwert H_u,
3. die theoretische Sauerstoffmenge O_{min} und die theoretische Luftmenge L_{th} für 1 cbm Frischgas,
4. der Luftfaktor η und die wirkliche Luftmenge für 1 cbm Frischgas,
5. „ höchste CO_2-Gehalt k_{max} der Verbrennungsgase,
6. die Verbrennungsgasmenge von 1 cbm Frischgas,
7. das spezifische Gewicht der Verbrennungsgase bei 0° und 760 mm QS,
8. die theoretische Flammentemperatur bei $CO_2 = 19{,}5\%$,
9. der Verlust durch fühlbare Wärme der Abgase.

Berechnung:

1. Nach Gl. (6) (S. 7 und Beispiel 5 ist $R_m = 29{,}9$; nach Gl. 5 (S. 5) ist

$$v = \frac{R_m \cdot T}{p} = \frac{29{,}9 \cdot 273}{10330} = 0{,}790 \text{ cbm/kg};$$

also

$$\gamma = \frac{1}{0{,}790} = \mathbf{1{,}27} \text{ kg/cbm}.$$

Ohne Benutzung von R_m hätte sich ergeben:

$$\begin{aligned} H_2 &= 0{,}026 \cdot 0{,}09 = 0{,}002 \text{ kg} \\ CO &= 0{,}325 \cdot 1{,}251 = 0{,}406 \text{ „} \\ CO_2 &= 0{,}062 \cdot 1{,}965 = 0{,}122 \text{ „} \\ N_2 &= 0{,}587 \cdot 1{,}254 = 0{,}735 \text{ „} \\ \hline 1{,}000 \cdot \gamma &= \mathbf{1{,}265} \text{ kg} \end{aligned}$$

2. Nach Gl. (8) (S. 27) ist

$$H_u = 2580 \cdot 0{,}026 + 3050 \cdot 0{,}325 = \mathbf{1058} \text{ WE/cbm}.$$

3. Nach S. 48 ist

$O_{\min} = 0{,}5 \cdot 0{,}026 + 0{,}5 \cdot 0{,}325 = \mathbf{0{,}176}$ cbm (Beispiel 17, S. 52).

Hiermit theoretische Luftmenge

$$L_{th} = \frac{O_{\min}}{0{,}21} = \frac{0{,}176}{0{,}21} = \mathbf{0{,}838}\ \text{cbm}.$$

4. Aus dem Schaubild Abb. 6 (S. 50) ergibt sich für

$$k = 19{,}5\% \quad \text{und} \quad q = 3{,}6\%$$

$$\eta = \mathbf{0{,}7} \quad \text{oder} \quad m = \frac{1}{0{,}7} = 1{,}43 \text{ (Verbrennung vollkommen)},$$

also wirkliche Luftmenge

$$L = 1{,}43 \cdot 0{,}838 = \mathbf{1{,}20}\ \text{cbm}.$$

Ohne Benutzung des Schaubildes hätte sich aus Gl. (49) (S. 62) ergeben (mit $A = 0{,}325 + 0{,}062 = 0{,}387$ cbm).

$$L = 100\,\frac{0{,}387}{19{,}5} - (0{,}387 + 0{,}587) + 0{,}176 = \mathbf{1{,}19}\ \text{cbm}.$$

5. Nach Gl. (26a) (S. 49) ist

$$k_{\max} = \frac{100 \cdot 0{,}387}{0{,}387 + 0{,}587 + 3{,}76 \cdot 0{,}176} = \mathbf{23{,}7}\%.$$

6. Nach Gl. (25) (S. 49) ist

$$G_g = 0{,}387 + 0{,}587 + 0{,}176\left(\frac{4{,}76}{0{,}7} - 1\right) + 0{,}026 = \mathbf{2{,}02}\ \text{cbm};$$

davon trocken

$$G_t = 1{,}994\ \text{cbm}$$

und Wasserdampf

$$H_2O = 0{,}026\ \text{cbm}.$$

Ohne Benutzung des aus Abb. 6 zu entnehmenden Luftfaktors $\eta = 0{,}7$ ist nach Gl. (50) (S. 62)

$$G_g = 100\,\frac{0{,}387}{19{,}5} + 0{,}026 = \mathbf{2{,}00}\ \text{cbm}.$$

7. In der trockenen Verbrennungsgasmenge $G_t = 1{,}994$ cbm ist enthalten:

	$CO_2 =$	$0{,}195 \cdot 1{,}994 =$	0,389 cbm	oder	$0{,}389 \cdot 1{,}965 = 0{,}765$ kg
	$O_2 =$	$0{,}036 \cdot 1{,}994 =$	0,072 „	„	$0{,}072 \cdot 1{,}429 = 0{,}103$ „
	$N_2 =$	$0{,}769 \cdot 1{,}994 =$	1,533 „	„	$1{,}533 \cdot 1{,}254 = 1{,}920$ „
	$G_t =$	$1{,}000 \cdot 1{,}994 =$	1,994 cbm	oder	$1{,}994 \cdot \gamma_t = 2{,}788$ kg
dazu:	$H_2O =$		0,026 „	„	$0{,}026 \cdot 0{,}806 = 0{,}021$ „
	$G_g =$		2,02 cbm	oder	$2{,}02 \cdot \gamma = 2{,}809$ kg;

hieraus

$$\gamma = \frac{2{,}809}{2{,}02} = \mathbf{1{,}39}\ \text{kg/cbm}.$$

8. Aus Gl. (52) (S. 62) ergibt sich bei Vernachlässigung der Glieder $c_{pg} \cdot t_g$ und $L c_{pl} \cdot t_l$

$$t = \frac{1058}{100 \frac{0,387}{19,5} c_{pv} + 0,026 \cdot c_{pw}};$$

setzt man nach Beispiel 20 (S. 65) mit $t = 1500°$ $c_{pv} = 0,381$ WE/cbm und $c_{pw} = 0,425$ WE/cbm, dann wird

$$t = 1380°.$$

Für $t = 1400°$ ergibt sich $c_{pv} = 0,378$ WE/cbm und $c_{pw} = 0,419$ WE/cbm und

$$t = \mathbf{1390}° \text{ C}.$$

9. Nach Gl. (56) S. 81) ist mit $c_{pv} = 0,343$ WE/cbm und $c_{pw} = 0,376$ WE/cbm

$$V_s = \left[100 \frac{0,387}{19,5} \cdot 0,343 + 0,026 \cdot 0,376\right](280 - 20) = \mathbf{179} \text{ WE/cbm}$$

$$V_s' = \frac{179}{1058} \cdot 100 = \mathbf{17,0}\%.$$

b) Unvollkommene Verbrennung.

Beispiel 37: Bei der Verheizung von Gichtgas des Beispiels 36 sei festgestellt:

CO_2-Gehalt der Abgase	$k = 20,0\%$
O_2- ,, ,, ,, ...	$q = 2,0\%$
Temperatur ,, ,, ...	$T = 280°$ C
,, ,, Luft	$t_l = 20°$ C.

Es ist zu bestimmen:

1. der Luftfaktor η,
2. ,, CO-Gehalt p der Verbrennungsgase,
3. die wirkliche Luftmenge für 1 cbm Frischgas,
4. ,, Verbrennungsgasmenge von 1 cbm Frischgas,
5. ,, theoretische Flammentemperatur,
6. der Verlust durch fühlbare Wärme der Abgase,
7. ,, ,, ,, Bildung von CO.

Berechnung:

1. Aus dem Schaubild (Abb. 6, S. 50) ergibt sich für $k = 20,0\%$ und $q = 2,0\%$

$$\eta = \mathbf{0,93}; \quad \text{also} \quad m = \frac{1}{0,93} = 1,08 \text{fache theoretische Luftmenge.}$$

2. Aus der CO-Teilung ist ersichtlich

$$p = \mathbf{2,5}\%.$$

3. Mit der in Beispiel 36 zu $L_{th} = 0,838$ cbm berechneten theoretischen Luftmenge und dem Faktor $m = 1,08$ ergibt sich die

wirkliche Luftmenge $L = 1,08 \cdot 0,838 = \mathbf{0,905}$ cbm.

4. Nach S. 86 ist die von 1 cbm Frischgas erzeugte trockene Verbrennungsgasmenge mit $A = 0{,}387$ cbm (Beispiel 36)

$$G_t = 100 \frac{0{,}387}{20{,}0 + 2{,}5} = 1{,}72 \text{ cbm};$$

dazu Wasserdampf $H_2O = 0{,}026$ cbm (nach Beispiel 36);

also $$G_g = 1{,}76 + 0{,}026 = \mathbf{1{,}746} \text{ cbm}.$$

5. Mit vorläufig angenommenem $t = 1400°$ wird nach Beispiel 36:

$$c_{pv} = 0{,}378 \text{ WE/cbm} \quad \text{und} \quad c_{pw} = 0{,}419 \text{ WE/cbm};$$

also nach Gl. (52) (S. 62) und Abzug von $0{,}025 \cdot 1{,}76 \cdot 3050 = 134$ WE für CO-Bildung

$$t = \frac{1058 - 134}{1{,}72 \cdot 0{,}378 + 0{,}026 \cdot 0{,}419} = \mathbf{1405}° \text{ C}.$$

6. Nach Gl. (59) (S. 86) ist mit $c_{pv} = 0{,}343$ WE/cbm und $c_{pw} = 0{,}376$ WE/cbm

$$V_s = \left[100 \frac{0{,}387}{20{,}0 + 2{,}5} 0{,}343 + 0{,}026 \cdot 0{,}376\right](280 - 20) = \mathbf{156} \text{ WE/cbm}$$

$$V'_s = \frac{156}{1058} \cdot 100 = \mathbf{14{,}7}\%.$$

7. Nach Gl. (58) (S. 86) ist

$$V_u = 1{,}72 \frac{2{,}5}{100} \cdot 3050 = \mathbf{131} \text{ WE/cbm}$$

$$V'_u = \frac{131}{1058} \cdot 100 = \mathbf{12{,}4}\%.$$

GPSR Compliance

The European Union's (EU) General Product Safety Regulation (GPSR) is a set of rules that requires consumer products to be safe and our obligations to ensure this.

If you have any concerns about our products, you can contact us on ProductSafety@springernature.com

In case Publisher is established outside the EU, the EU authorized representative is:

Springer Nature Customer Service Center GmbH
Europaplatz 3
69115 Heidelberg, Germany

Batch number: 10682421

Printed by Printforce, the Netherlands